第二版

Python

含「APCS先修檢測」解析

程式設計技巧
發展運算思維

目錄

第 1 章　前言

第 2 章　Python 程式發展工具

第 3 章　Python 程式執行的方式

第 4 章 認識 Python 基本語法

第 5 章 資料型態

第 6 章 運算

第 7 章 指令

第 8 章 函數

第 9 章 初學五題

第 10 章 陣列 - 數據類型資料

第 11 章 列印文字圖形程式練習

第 12 章 程式邏輯發展練習

第 13 章 演算法

第 14 章 APCS 試題分析

附錄 A

本書範例列表

第 12 章：程式邏輯發展練習

一、語言熟悉題型：沒有學過程式語言或者第一次接觸 Python

二、基本題型：運用語言指令發展程式邏輯

三、入門題型：剛開始學習程式語言會碰到的思考問題

四、進階題型：必須用到簡單演算法解題

五、特殊題型：Python 語言特殊應用指令

一、語言熟悉題型

二、基本題型

三、入門題型

四、進階題型

五、特殊題型：Python 語言特殊應用指令

第 13 章：演算法

前言

1

CHAPTER

Everybody in this country should learn

how to program a computer because it teaches you how to think.

Steve Jobs

全球近年來興起程式語言學習的浪潮，不管是小學生、中學生、大學生都陸陸續續開始學習程式語言，美國前總統歐巴馬和蘋果電腦前總裁賈伯斯也呼籲現在的學生每一位都必須學習程式語言，了解如何設計程式。Python 語言是近年來學生學習程式語言初學的最佳選擇，依據統計選擇 **Python 語言為學習性程式語言的比率高達 60%**，而且正逐步在增加之中，Pyhton 語法和 C 的語言語法相類似，而且免除了冗長的變數定義，少了很多繁瑣的工作，如果你還沒有學過電腦語言，Python 會是你最佳的選擇。

1-1 Python 的特色和優點

1. **語法簡單容易學習**：Python 是一種簡單的語言。閱讀 Python 程式就像是在看英語一樣，Python 最大的優點是讓初學程式語言的人能夠專注於解決問題，不必花太多的心神去專研語法結構，容易上手。
2. **編輯解譯軟體免費**：Python 是自由/開放源碼軟體。使用者可以自由分享軟體、取用甚至修改原始碼。
3. **高層語言**：用 Python 語言編寫程式，無需考慮太多系統底層細節。

4. **可移植性**：Python 可以移植到許多平台之上，所有 Python 程序和模組不需要修改就可以在很多系統平台上運行。

5. **解釋性**：Python 語言寫的程式可以直接從原始碼執行，在計算機內部 Python 解釋器把原始碼轉換成電腦看得懂的機器語言執行，使得 Python 的使用更加簡單，也使得 Python 程式更易於移植。

6. **可擴展性**：如果需要程式碼執行得更快或者某些算法不想公開，可以把部分程序用 C 或 C++編寫，編譯後的目的碼加到 Python 程序中使用，具保密性。

7. **可嵌入性**：可以把 Python 程序嵌入 C/C++，提供 C /C++延伸程序或模組功能。

8. **豐富的資料庫**：Python 標準資料庫龐大，Python 的功能齊全，可以幫助處理各種工作，包括：文案產生、單元測試、數據、網頁瀏覽器、CGI、FTP、電子郵件、XML、HTML、GUI（圖形用戶介面）和其他系統有關的操作。

9. **機器學習**： 擅長於人工智慧的機器學習、大數據統計分析、圖表繪製，常用於學術研究和工程領域軟體開發。

1-2 運算思維的發展

下面這張圖勾勒出各級學校從國小、國中、高中、大學所學習的數學課程內容，學生藉由數學的學習可以培養運算思維，隨後利用程式語言或套裝軟體發展應用軟體，接下來是生活科技課程所推動的微控制單元（MCU），還有自從新興資訊科技像 VR/AR/MR 發展以來，學校都積極在推動 Arduino 和 Micro:bits 的教學，新的十二年國教課綱把創客（Maker）教學作為學生 DIY 數位製造「想」和「做」的重要課程精神，學生學習這些資訊課程內容不外乎為未來人工智慧做準備。

表 1-1：推動程式語言教育的環境架構

<table>
<tr><th>教師</th><th></th><th colspan="5">學生</th></tr>
<tr><td>培訓
（演講、研習）</td><td>年級</td><td>數學基礎
運算思維
（教學）</td><td>程式語言
（研習）</td><td>資訊管理
&微控制
（活動）</td><td>創意思考
（競賽、
社團）</td><td>應用環境
（應用、創造）</td></tr>
<tr><td rowspan="5">1. 雲端教學運用
2. 多媒體
3. 數位學習
4. 創客教育思潮
5. 物聯網
互聯網
大數據
6. 微控制器
7. 運算思維
8. 程式語言
9. 數位生活
10. 學習社群</td><td>大學</td><td>• 數值分析
• 資料結構
• 演算法
• 微積分</td><td>（軟體應用）
• 系統軟體
• 工具軟體
• 套裝軟體</td><td rowspan="4">（資訊管理）
• 系統發展
• 資料處理
• 雲端運算
• 網頁製作

（微控制）
• APP

• 樹莓派
（Raspberry Pi）
• Arduino
• Micro:bit</td><td rowspan="4">（創客）
Maker

數位製造

「想」
&
「做」
<DIY></td><td rowspan="4">（人工智慧）
AI

（Artificial Intelligent）
（萬物網）IoE
（物聯網）IoT
（ Internet of Things）
（互聯網，
大數據）

VR，AR，MR</td></tr>
<tr><td>12
11
10</td><td>• 指數對數
• 排列組合
• 三角函數</td><td>（高中）C
（高職）VB
• Python</td></tr>
<tr><td>9
8
7</td><td>• 機率
• 幾何
• 代數</td><td rowspan="2">• Google Blockly
• APP Inventor
• Scratch</td></tr>
<tr><td>6
5
4</td><td rowspan="2">• 算術

• 數</td></tr>
<tr><td>3
2
1</td><td colspan="4">（可以導入）數位化教學環境</td></tr>
</table>

1.2.1 運算思維

過去國內中小學階段，教導學生程式語言都是在「電子計算機概論」課程中，簡單帶過程式語言和程式設計的概念，要在學校有限的課程時間中教導程式語言和程式設計是有難度的，一般都是在大學才開始學習。由於資訊科技興起，「人工智慧」快速進入人們日常生活之中，各國都積極倡導程式語言的教學，有些國家甚至在小學三年級就開始教導程式語言，培養學生運算思維的觀念。

下面這張構圖可以說明在程式語言的學習中程式語言和程式設計所扮演的角色，未經處理的數據稱為：資料，從外邊輸入資料之後，藉由運算思維在程式語言中運用語法和指令設計程式。這些經過邏輯安排的程式會將「資料」轉轉換成「資訊」輸出，就是經過整理、歸類、分析、運算後的資訊做為人們決策參考之依據，或者是在人工智慧中自動控制的數據。

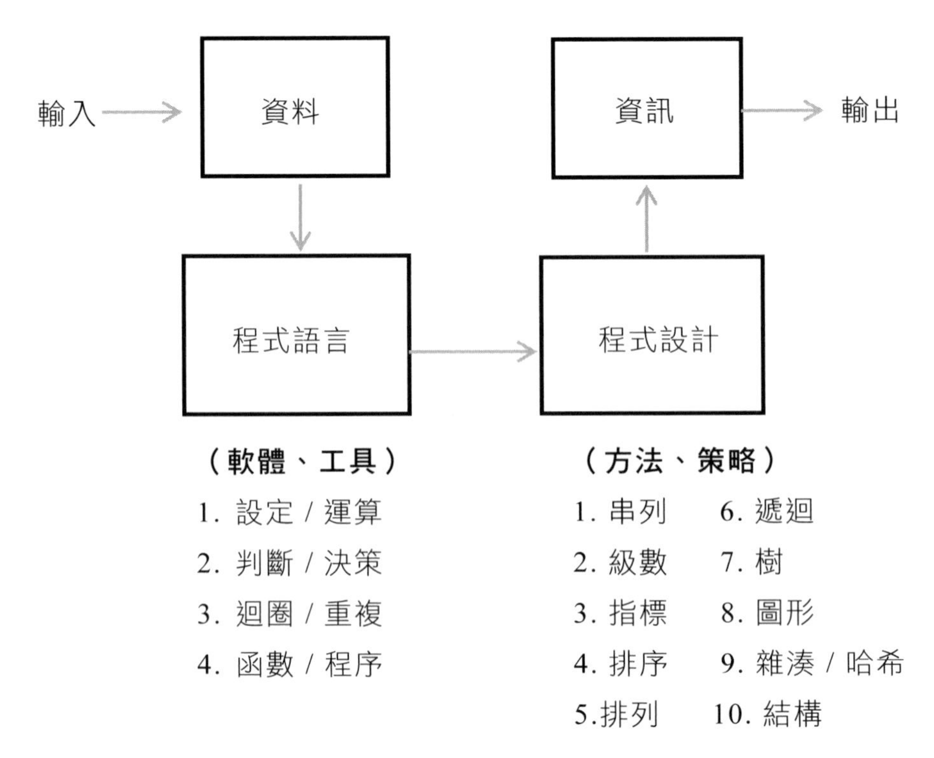

圖 1-1：程式設計執行流程

程式語言其實是軟體工具，各種程式語言不管是 Python（或 C）都包含四個元素，也就是：設定 / 運算、判斷 / 決策、迴圈 / 重複、函數 / 程序等**語法指令**。至於程式設計就是運用演算法，也就是到大學才開設的「資料結構」課程。這些**演算法**是以數學為基礎，也就是「運算思維」，一般人所稱的「程式邏輯」包括：串列、級數、指標、排序、排列、遞迴、樹、圖形、雜湊 / 哈希、結構等等演算的方法，中學生由於沒有學習這門課程的機會，本書將這些邏輯方法或稱資料結構列在書中，以最簡單的概念陳述，希望對學生學習有幫助。

1.2.2 程式邏輯

一、九個空格中填入 1 到 9 - 減法找 66666

有一個題目說：請在空格中填入 1 到 9 不重複，你現在就來嘗試看看吧！這一題如果用程式解題時，懂得演算法不超過五分鐘就可把答案通通列出來！

- 當遊戲看：你會解 1/10（ 因為答案有 10 個）
- 當數學看：你會思考數學的奧秘
- 當電腦程式設計看：你會找方法解題

本題在電腦程式設計中是非常典型的題目，解題的方法可以用排列，也就是找出 1 到 9 的九個數字不重複產生的所有組合，把前五個數字減去後四個數字，如果答案和 66666 相同就印出這個數字。共有 10 組解答：

69153 - 2487 =66666

69513 - 2847 =66666

71358 - 4692 =66666

71529 - 4863 =66666

71934 - 5268 =66666

73158 - 6492 =66666

73194 - 6528 =66666

73491 - 6825 =66666

74931 - 8265 =66666

75129 - 8463 =66666

如果想要節省程式的比對和運算的時間，其實只有在第一個數字是 6 和 7 的時候，才會找到吻合的答案。所以如果第一個數字不是 6 和 7，就可以不考慮，只從第一個數字是 6 和 7 去找答案，可以省下 7/9 的運算時間，當然還可以有更有效的解法，這些演算邏輯的運算思維叫做演算法。

檔案下載：http://gg.gg/py-book，九個空格中 1 到 9 - 減法找 66666

二、求圓周率 π（Pi）和正五邊形面積

大家都知道圓面積、三角形面積、正方形面積怎麼算，但是就是不知道正五邊形以上的多邊形面積如何求？有了電腦後計算正多邊形面積變成很簡單。

π 的數字 = 3.14159……………

圓周長 = π × 直徑 = 2 × π × 半徑

- 圓面積 $A=\pi r^2$
- 三角形面積

  =1/2×底×高

  =1/2×a×b×sinc=1/2×b×c×sina=1/2×c×a×sinb

  =1/2×a×b×c/2R=(a×b×c)/(4×R)〈R 為外接圓半徑〉

  =r×s〈r 為內切圓半徑〉

  =[s×(s-a)×(s-b)×(s-c)]^(1/2)

  〈海龍公式：開根號用 1/2 次方表示，s 為邊長和的一半：(a+b+c)/2〉

- 正方形面積= 邊長×邊長 = a×a = a^2
- 正五邊形面積：？？？？？（大家都不太了解如何計算）

大部分的人在國民中小學就學過幾何面積的計算，都會知道圓面積、三角形面積、正方形和矩形面積的算法，可是多數人都不知道正多邊形的面積如何算，原因就是在沒有電腦做為計算工具之前，大家徒手透過公式就能算出：圓、三角形、正方形的面積，這裡將透過（內接）正五邊形清楚解釋正五邊形面積如何計算? 有了電腦作為計算工具之後，把很多過去不可能的事變成可能，首先要知道正五邊形面積的算法！

下面這張圖是用 Scratch 繪製出來的五邊形簡單方法，因為 Scratch 的繪圖功能很強而且大部分的國民中小學學生都學過。Scratch 程式寫好後可以在 MIT 網站分享執行程式，點選畫面右上方的旗幟，程式執行後輸入位置正五邊形，然後輸入 5，就可以得到這個畫面。這個程式的分享網址是：https://scratch.mit.edu/projects/239248004/。

圖 1-2：Scratch 算正多邊形的面積

上圖中圓形內接正五邊形面積等於 5 個等腰三角形的面積總和，每個等腰三角形又等於兩個直角三角形的面積和，所以正五邊形的面積等於 10 個直角三角形的面積。

直角三角形有斜邊、對邊、鄰邊，如果斜邊邊長是 1，那麼對邊等於 $\sin\theta$；鄰邊=$\cos\theta$，θ 等於 36 度，也就是；

直角三角形的面積 = 底乘高除以二 = $(B \times h)/2$

底就是對邊 = $B = r \times \sin\theta = r \times \sin(36^{o})$

高就是斜邊 = $h = r \times \cos\theta = r \times \cos(36^{o})$

因為圓的半徑 r 設定為一，所以 $r=1$

直角三角形的面積 $=(B \times h)/2 = (r \times \sin(36^{o}) \times r \times \cos(36^{o}))/2$

$=(\sin(36^{o}) \times \cos(36^{o}))/2$

正五邊形面積= 10 個直角三角形面積

$= 10 \times$ 直角三角形面積$= 10 \times (\sin(36^o) \times \cos(36^o))/2$

$= 5 \times r \times \sin\theta \times r \times \cos\theta$（r =外接圓半徑，$\theta = 180/5 = 36^o$）

$= 5 \times r \times \sin(36^o) \times r \times \cos(36^o)$（假設圓半徑 r=1）

$= 5 \times \sin(36^o) \times \cos(36^o) = 5 \times 0.587 \times 0.809 = 2.377$

這種方法可以算出所有的正 n 邊多邊形面積，還有要求三角函數 sin 和 cos 要利用 Pi 的值去演算，在 Python 裡面要求 Pi 有三種做法：

1. 設 Pi 等於 3.14159
2. 利用 import math 導入 pi 函數 math.pi()
3. 利用「泰勒級數」計算 Pi 的值（本書後面會介紹如何自訂函數來計算級數）級數 pi=4×(1-(1/3)+(1/5)-(1/7)……)，逼近 pi=3.14159……

三、a=a+1 你相信嗎？

修過電腦程式設計的人都知道電腦的運算式中可以寫 a=a+1 ，但在實際數學上這種式子是不存在的，因為在電腦上原意是「把右邊的 a 加上一次後放到左邊的 a 變數」。

在實際數學裡面不可能有一個數加 1 之後還等於本身。但有一個技巧性的作法，把電腦的變數加一之後真的還是和原來數相等。也就是因為電腦受到變數的長度位元組數的限制，C 的浮點數 float 是四個位元組。

這個例子用 C 來解說，因為 Python 會自動調整變數的位元組數無法驗證，所以設計了一個 C 的程式如下，各位可以到線上 C 語言編輯器 Jdoodle（online c editor）檢視結果：

網址：https://www.jdoodle.com/c-online-compiler

進入網頁後拷貝這一段程式到編輯區（程式名稱：ab-Equal.c）：

```
#include<stdio.h>
int main() {
    float a,b;
    printf("Please input a number: \n");
```

```
    scanf("%f",&a);
    printf("%f\n",a);
    b=a+1;
    printf("%f\n",b);
    if ( a==b)
        printf("a=b");
}
```

在下面的 Stdin Inputs 輸入 100000000（應該大於 7 位數電腦就會錯亂了）

再點選「Excute」可以得到這個畫面，結果竟然出現 a=b。

圖 1-3：Jdoodle 檢視變數溢位結果

表 1-2：C 類型說明

類型說明符	bit 數（位元組數）	有效數字	數的範圍
float	32(4)	6~7	10^{-37}~10^{38}
double	64(8)	15~16	10^{-307}~10^{308}
long double	128(16)	18~19	10^{-4931}~10^{4932}

原因是 C 的浮點數有效數是 6-7 位數。上面所舉的例子就是在不同語言上，應用運算思維編寫電腦程式，計算和日常生活中有趣的範例，各位應該可以了解運算思維的重要性。

四、0.1+0.1+0.1 不等於 0.3

也許你不相信 0.1+0.1+0.1 不等於 0.3，試試下面這行：

```
>>> .1 + .1 + .1 == .3
False
```

這個問題主要還是因為 0.1 和 0.3 在電腦上存放的是二進位數值，十進位轉二進位是有誤差的。例如有循環節的二進位數其實是無限小數，確實的數值無法用十進位表示。儘管數字不能接近預期的精確值，round()函數捨去小數點，二者都不精確造成結果相等。

```
>>> round(.1 + .1 + .1, 10) == round(.3, 10)
True
```

1-3 APCS 檢測

程式設計在資訊科學當中扮演重要的角色，學生透過撰寫程式能夠驗證數學和工程課堂中學習到的理論，並發揮自己的創意寫出各式各樣功能的軟體。如今學生的資訊能力日益受到重視，國外學生大約都在小學三年級開始學習程式語言，國內也陸續導入所有大學非資訊科系也要修讀程式語言和程式設計，並且在高中推動大學先修課程，舉辦程式設計檢定測驗，做為學生大學推薦入學、申請入學或考試入學等參考指標，這項檢測對於學生的資訊能力提供客觀的評量依據，適合高中或大學生了解自己程式設計的能力，也可作為未來是否投入資訊職涯的參考。

就像全民英語檢定一樣，「大學程式設計先修檢測」APCS（Advanced Placement Computer Science）將會是國內程式語言檢定的指標性工具，作為全國各大學資訊相關科系學生入學的參考標準。其檢測模式是參考美國大學先修課程（Advanced Placement，AP），與各大學合作命題，並確定檢定用題目經過信效度考驗，以確保檢定結果之公信力。APCS 檢測除了 C 語言之外，也可以使用 Python 語言，相信隨著 Python 風潮，使用它做為檢測語言的人數勢必逐漸攀升。

APCS 檢測時所提供的 Python 編輯環境是 Python 官網所提供的 IDLE，雖然功能陽春，但就檢測而言綽綽有餘。各位在練習時可以使用官網 Python.org 提供的離線版，也可以採用免安裝版的 IDLE 編輯器放在隨身碟隨時可使用。資料顯示過去高中生學習 C 語言感到艱深，很難突破，使用 Python 語言讓學習更為簡單，是學習電腦程式語言的好工具，也是參加 APCS 檢測非常適當的語言選擇。

1-4 本書閱讀建議

1. 本書所有程式檔案都可在所提供的網站上（http://gg.gg/py-book）或 (http://tinyurl.com/py-book)下載，為了減少篇幅，有些補充教材就放在網路供讀者閱覽。為減少打字錯誤（由於中英文符號差異不易辨識），建議練習時盡可能下載檔案練習。
2. 書中大部分的單元內容都有線上影音解說，有助於初學者和自學者了解。
3. Python 指令相關規範複雜，本書審慎挑選重點整理說明，初學者從第 1 章開始配合範例都可以順利作業完成。
4. 國外程式作者都喜歡用冗長變數名稱，名稱複雜對於初學者造成負擔，本書所用的變數盡量精簡，可能的話都用單一字母定義，變數名稱簡單容易了解。
5. 運算式的運算範疇有些相當細膩瑣碎，本書僅挑重要部分說明，對於初學者應游刃有餘。
6. 本書重點在強調對學習者建立運算思維，從簡單範例說明逐步建立學習者編寫程式的技巧，建議學習者在觀摩執行範例之後，能夠利用很短的時間，再自行撰寫程式一次，對於學習會有很大的幫助。
7. 為了讓讀者在執行範例程式的時候不會有錯誤輸入或不知道要輸入什麼，所以本書的練習範例資料大都已在程式直接設定數值如：n=60；少部分使用提示輸入如：n=int(input('請輸入正整數(1~100):'))，某些程式兩者都有，練習者可以自己更換輸入方式。
8. 在 Python 的互動模式底下可以用 help 指令詢問你所需要的協助，查看函數或模塊用途的詳細說明，系統文件都是英文，可以善用 Chrome 瀏覽器的「中文翻譯」功能，會讓畫面變得更為親切易懂。
9. Python 幾乎每年都會更新版本，最近才從 2.x 版更新到 3.8 版，當你在網路上看到的範例拷貝到 IDLE 執行的時候都會出現「錯誤訊息」，請留意 Python 第二版和第三版 print 指令的差異，修改即可：

   第二版　使用 print a+b

   第三版　print 指令要加括號 ()，使用 print (a+b) 就可以了

1-5 習題

( ) 1. 關於 Python 語言，下列何者錯誤？

(A) Python 2.x 版和 3.x 版程式碼完全一樣可互通

(B) Pyhton 語法和 C 語言語法相類似

(C) 免除了冗長的變數定義，少了很多繁瑣的工作

(D) 讓初學程式語言的人能夠專注於解決問題，不必花太多的心神去專研語法結構

( ) 2. 關於 Python 的特色，下列何者錯誤？

(A) Python 語言寫的程式，其解釋器把原始碼轉換成電腦看得懂的的機器語言執行

(B) Python 程序和模組需要修改才可在其不同系統平台上運行

(C) 可以把 Python 程序嵌入 C/C++，提供 C/C++延伸程序或模組功能

(D) 擅長於人工智慧的機器學習和大數據統計分析

( ) 3. 下列何者正確？

(A) 未經處理的數據稱為資訊

(B) 經過整理、歸類、分析、運算後的訊息稱為資料

(C) 程式設計就是運用演算法來解決問題

(D) 運算思維不同於程式邏輯

( ) 4. Python 四個元素不包含哪一項？

(A) 設定 / 執行 (B) 函數 / 程序 (C) 判斷 / 決策 (D) 迴圈 / 重複

( ) 5. APCS 檢測，下列何者錯誤？

(A) APCS 檢測除了 C 語言之外，也可以使用 Python 語言

(B) 目前國內每年考乙次

(C) 對於學生的資訊能力提供客觀的評量依據，可做為大學推薦入學、申請入學或考試入學等參考指標

(D) 考題除了觀念題以外也注重實作題

Python 程式發展工具

2

CHAPTER

為了方便學習者快速發展程式語言，每一種電腦語言不管是 C、C++、VB、Python 各自都有提供使用者程式設計用的整合性編輯環境（Integrated Development Environment，IDE），就像 ASP.NET 的 Visual Studio（VS）、C 的 CodeBlocks 、Java 的 Eclipse 等等，都是耳熟能詳的整合性編輯環境。它們提供簡易的程式編撰還有程式編譯和執行結果的顯示，可以免除程式發展人員不必要的繁瑣流程，提高程式發展效率，都是程式設計人員不可或缺的發展工具。

Python 語言的解譯程式繁多，初學者很難在這些環境裡面挑選最適合自己使用的簡易程式和編輯器。國內 APCS 檢測目前採用 Python IDLE，雖然功能精簡但也是最適合初學者使用，IDLE 對於初學者了解指令和簡單邏輯發展應用都已足夠。

除了 Python 的 IDLE 之外，本書推薦使用 Jupyter，兩者搭配應該是目前初學者最適合的環境，這兩個簡易程式執行，佔記憶體空間較少，而且線上即時操作也方便，適合剛開始學習 Python 語言的人，只可惜裡面有很多模組（module）和套件（package）並沒有自動導入，所以程式在執行時會出現模組未定義或找不到，各位可以自行添加或者安裝 Anaconda Python（https://www.anaconda.com/download/），這一個開發環境比較完整，但啟動較慢，也比較佔記憶體空間，Anaconda.exe 檔案佔 650M，建議學習者使用到一定程度後再行安裝。

2-1 Python 線上解譯器

請至 https://www.python.org/下載（先在 Chrome 點滑鼠右鍵將畫面中文化，再點選中央黃色的 >_ 符號方塊）。

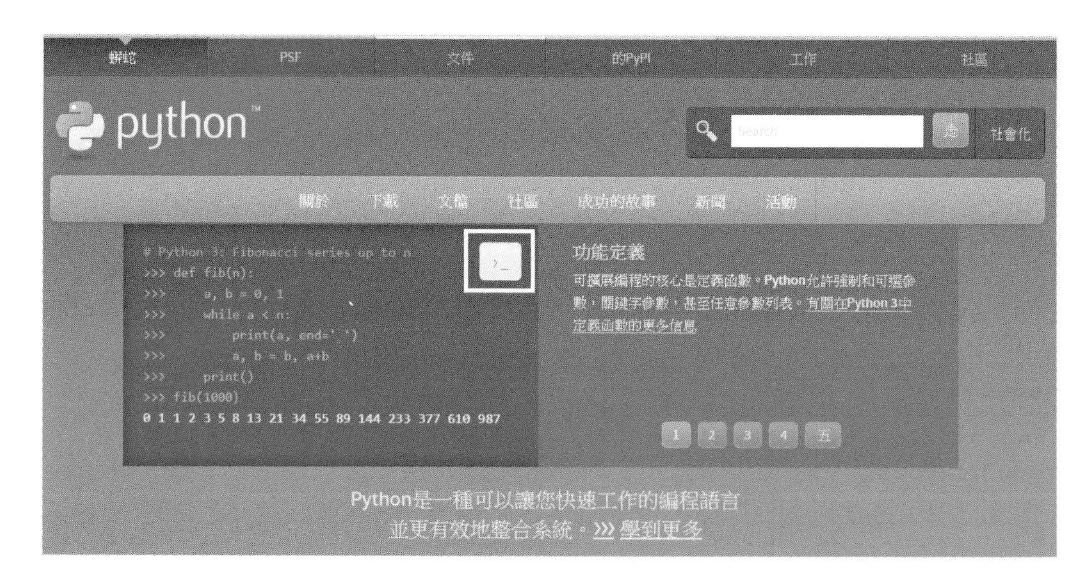

圖 2-1：Python 官網

載入解譯器要等一點時間，當系統載入解譯器之後會出現提示符號 >>>。

圖 2-2：Python 互動式畫面

當提示符號出現以後，各位就可以開始練習輸入 Python 指令，當各位輸入下列六行程式之後可以觀察畫面回應的訊息：

```
>>>a=6
>>>b=5
>>>print(a+b)
>>>print(a-b)
>>>print(a*b)
>>>print(a/b)
```

上面後四行其實也可以省略 print()，例如直接打 a+b 就可以顯示結果。

2-2 Python 離線編輯器（IDLE）

IDLE 的編輯器可以到 https://www.python.org/downloads/下載，安裝的方法非常簡單，只要依照畫面指示就可以完成。

圖 2-3：Python 下載安裝畫面

點選「Download Python 3.7.2」會下載一個 Python-3.7.2.exe（檔案大小：25M），執行 Python-3.7.2.exe 即可安裝，安裝完 Python 後，請到「搜尋」，鍵入關鍵字 Python 就會出現以下畫面。

然後在「IDLE (Python 3.7 32-bit)」上按滑鼠右鍵，把 Python 3.7 釘選到「工作列」，以便下次開啟 Python IDLE。IDLE 提供使用者兩個視窗：一個是 Shell，顯示程式執行結果畫面；另一個是 Editor，提供使用者編輯程式。

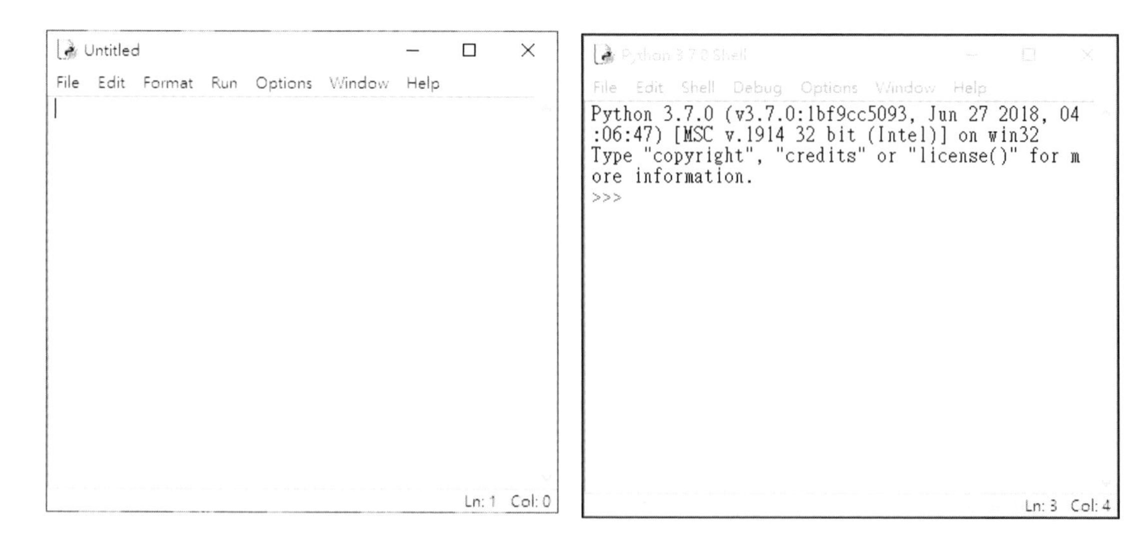

IDLE 也有免安裝版，各位可以在網路上（http://gg.gg/py-book）取得免安裝版，免安裝版的好處，就是可以下載到隨身碟，隨時可以在電腦上執行。

2.2.1 互動式

互動式提供使用者一行一行輸入，並隨時在畫面上輸出執行結果，執行 IDLE 之後畫面會出現一個 Shell 畫面，畫面中也有提示符號 >>>，這時候代表畫面在等候輸入指令和資料：

```
a=6
b=5
print(a)
print(b)
print( a+b , a-b , a*b , a/b)
```

【顯示畫面】

```
Python 3.7.0 Shell
File  Edit  Shell  Debug  Options  Window  Help
Python 3.7.0 (v3.7.0:1bf9cc5093, Jun 27 2018, 04:06:47) [MSC v.1914 32 bit (Inte
l)] on win32
Type "copyright", "credits" or "license()" for more information.
>>> a=6
>>> b=5
>>> print(a)
6
>>> print(b)
5
>>> print(a+b,a-b,a*b,a/b)
11 1 30 1.2
>>> 
```

也可以在提示符號 >>> 後面輸入多行的程式，**要先在記事本鍵入下面這四行程式**，先拷貝起來，再一起貼到 Shell 畫面（或一行一行鍵入也可以），請留意每行最後面如果是冒號，則下一行必須內縮四個空白。所以下面的程式第二行內縮四個空白，第三行內縮八個空白，第四行內縮四個空白。這個程式的語法規定在 IDLE 的編輯器上，如果每行在冒號（：）後面按下 Enter，在下一行會自動內縮四格：

```
for i in range(1,10):
    for j in range (1,10):
        print ("%3d" %(i*j) , end='')
    print()
```

貼上程式後，要按二個 Enter，就可以看到執行結果。

```
Python 3.7.0 Shell
File  Edit  Shell  Debug  Options  Window  Help
Python 3.7.0 (v3.7.0:1bf9cc5093, Jun 27 2018, 04:06:47) [MSC v.1914 32 bit (Inte
l)] on win32
Type "copyright", "credits" or "license()" for more information.
>>> for i in range(1,10):
        for j in range (1,10):
                print ("%3d" %(i*j) , end='')
        print()


  1  2  3  4  5  6  7  8  9
  2  4  6  8 10 12 14 16 18
  3  6  9 12 15 18 21 24 27
  4  8 12 16 20 24 28 32 36
  5 10 15 20 25 30 35 40 45
  6 12 18 24 30 36 42 48 54
  7 14 21 28 35 42 49 56 63
  8 16 24 32 40 48 56 64 72
  9 18 27 36 45 54 63 72 81
>>> 
```

4 個空白

2.2.2 腳本式

腳本式就是在 IDLE 編輯器寫一個 .py 的程式，各位可以在上圖 Python Shell 下點選 File / New File 就可以開始編寫一段新的程式，寫完程式後執行結果，按 Run / Run Module。當程式執行完成後，也可以利用 File / Save as 另存一個 .py 的檔案。現在開始來練習寫一個簡單的 Python 程式，所有 Python 程式都以 .py 為副檔名。各位可以在編輯器嘗試寫下這一個單行的 hello.py 程式。

```
print ("Hello, Python！")
```

執行輸出結果為：

```
Hello, Python ！
```

【畫面實例】

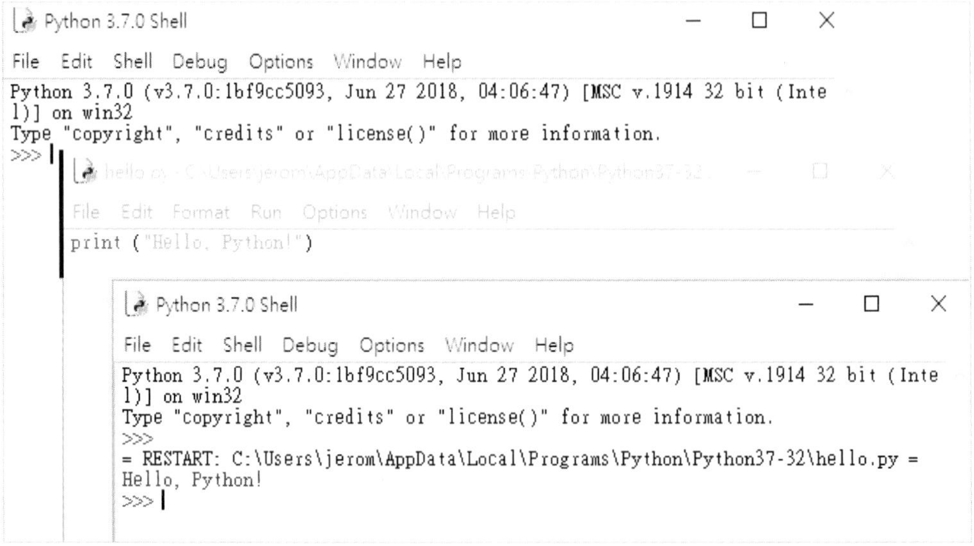

```
Python 3.7.0 Shell
File  Edit  Shell  Debug  Options  Window  Help
Python 3.7.0 (v3.7.0:1bf9cc5093, Jun 27 2018, 04:06:47) [MSC v.1914 32 bit (Inte
l)] on win32
Type "copyright", "credits" or "license()" for more information.
>>>
```

```
File  Edit  Format  Run  Options  Window  Help
print ("Hello, Python!")
```

```
Python 3.7.0 Shell
File  Edit  Shell  Debug  Options  Window  Help
Python 3.7.0 (v3.7.0:1bf9cc5093, Jun 27 2018, 04:06:47) [MSC v.1914 32 bit (Inte
l)] on win32
Type "copyright", "credits" or "license()" for more information.
>>>
= RESTART: C:\Users\jerom\AppData\Local\Programs\Python\Python37-32\hello.py =
Hello, Python!
>>>
```

2-3 Jupyter 線上解譯器

Jupyter（http://jupyter.org）提供一個網頁介面，讓使用者可以透過瀏覽器連線進行 Python 程式的開發與維護，是評價非常高的線上 Python IDE ，它提供兩個版本：一個是線上版，可以直接在線上執行，功能強大；Jupyter 還提供一個完整的離線解譯程式 Notebook，除了有非常完整的輸出入介面之外，它和 IDLE 不同的就是支援強大的套件和模組，而且也提供秀圖功能，繪製資料圖形功能完備。

用瀏覽器進入 YouTube 網站後點選下面的「Try it in your browser」，再點「 Try Jupyter with Python」便可以開始進入一行一行的指令非常方便，是初學者學習 Python 程式語言最佳選擇。

2.3.1 Jupyter 線上解譯器執行流程

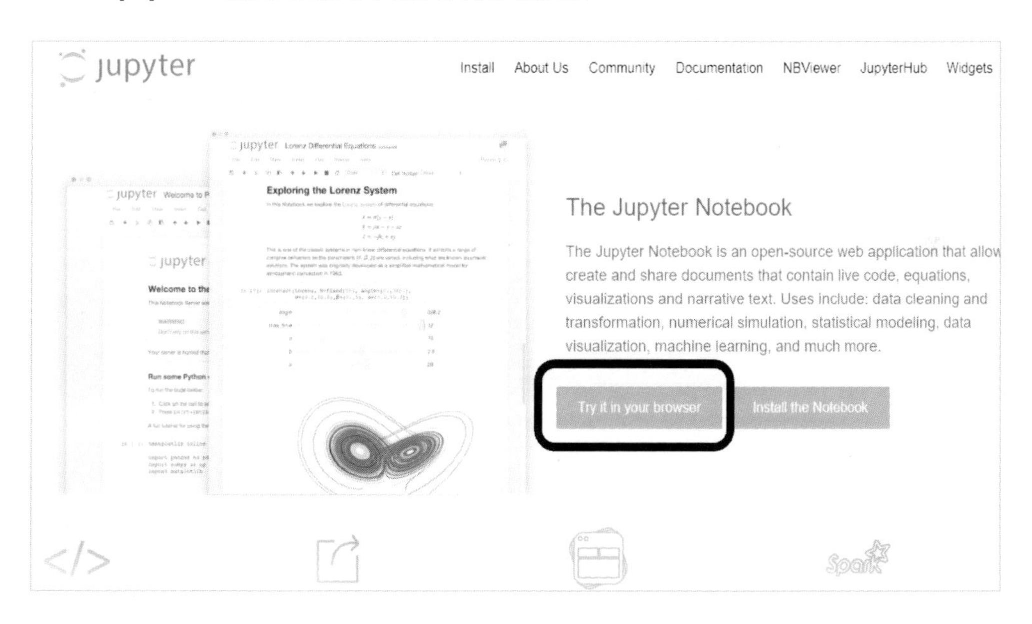

圖 2-4：Jupyter 官網

點選左邊的「Try Jupyter with Python」，等候下載「Binder」。

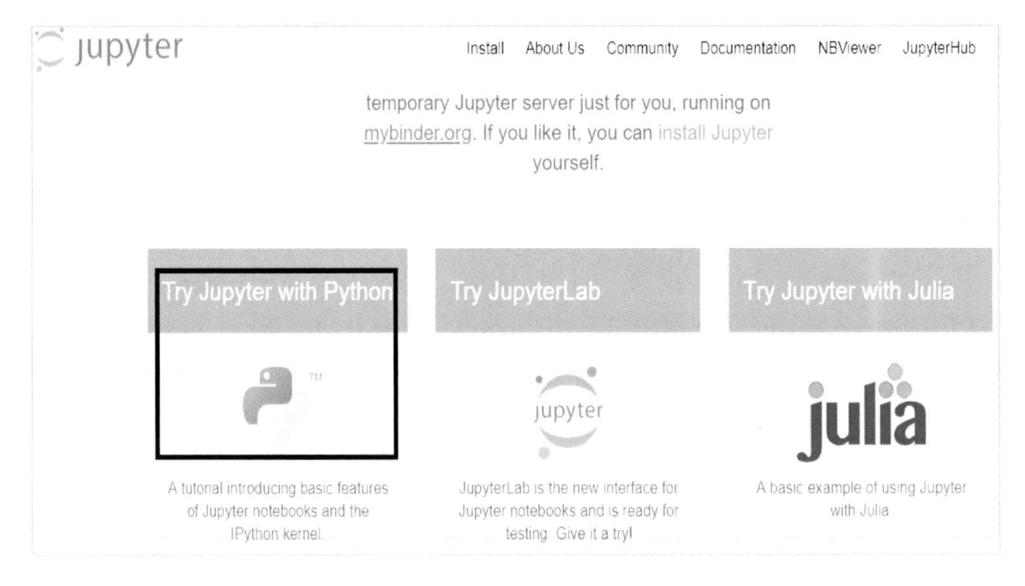

圖 2-5：Jupyter 官網選擇線上編輯

點選 File / New Notebook / Python 3。

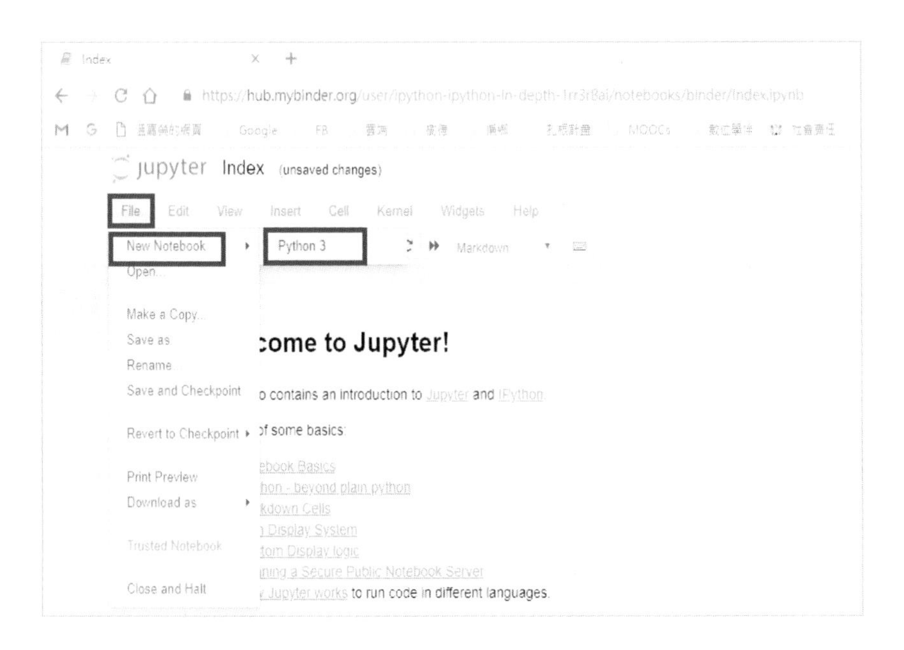

圖 2-6：Jupyter 選擇 Notebook 編輯

在文字框輸入指令，再點選「Run」會印出執行結果，畫面包含輸入：In[1] 和輸出：Out[1]。

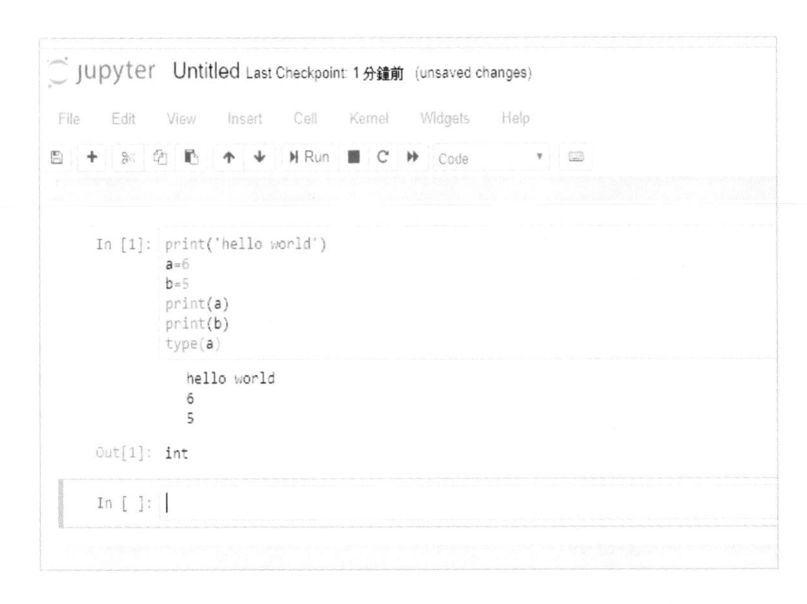

圖 2-7：Jupyter 選擇 Notebook 輸入執行畫面

2.3.2 安裝 Jupyter 離線編輯器

在下圖右邊的欄位點選「Install the Notebook」，可以下載安裝離線 Python 編輯器，也是學習 Python 程式語言不可或缺的工具。

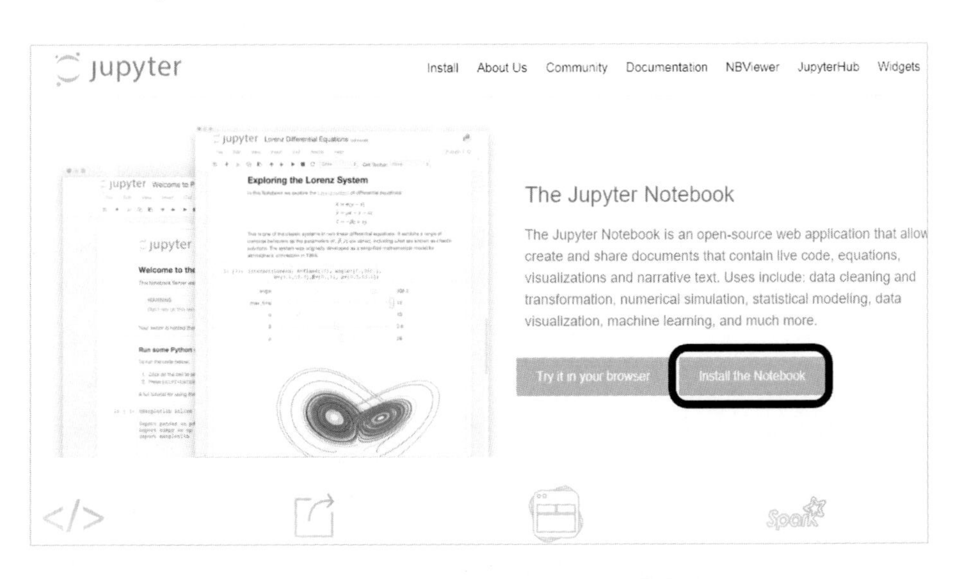

圖 2-8：Jupyter 選擇下載離線編輯器

安裝完下載程式後，執行會得到下面的畫面，請按 New / Python 3，接下來就會出現跟線上編輯器一樣的畫面。

圖 2-9：Jupyter Notebook 檔案列示

2.3.3 JDoodle 線上解譯器

網路上有許許多多的 Python 線上編輯器，方便使用者隨時執行 Python 程式，https://Jdoodle.com 是一個很有名的線上程式編輯器網站，它提供將近 70 種不同語言的線上解譯器，各位可以進入執行 Python 3 就能夠簡單的執行程式。線上編輯器有很多的優點：操作簡單、能迅速取得程式執行結果，廣受一般程式設計者喜愛。

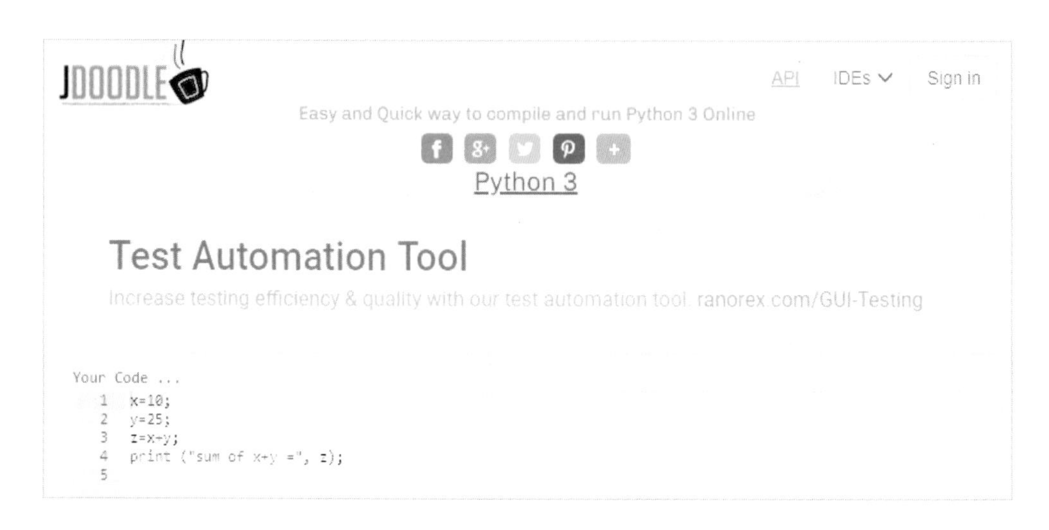

圖 2-10：JDoodle 多語言線上編輯環境

各位可以嘗試將前幾頁的九九乘法表（99.py）程式貼到這裡執行後觀察結果，相信各位可以察覺到線上編輯器的優點。如果你有平板電腦也可以在平板電腦執行，如果手邊沒有桌上型電腦或筆記型電腦，外出時平板電腦就可以執行 Python 程式相當方便。

2-4 習題

(　) 1. Python 語言常用的整合性編輯工具？

(A) Eclipse　(B) Visual Studio

(C) CodeBlocks　(D) IDLE

(　) 2. Python 語言練習可以採用線上編輯及離線編輯，下列何者不是採用線上編輯方式？

(A) Python.org　(B) Python IDLE

(C) Jupyter　(D) Repl.it

(E) JDoodle

(　) 3. 國內 APCS 檢測目前採用何編輯器？

(A) Anaconda　(B) Jupyter

(C) Python IDLE　(D) Dev-C++

(　) 4. Python 語言提供使用者兩個視窗，一個是 Shell、另一個是 Editor，何者不是互動式？

(A) Shell　(B) Editor

(C) 兩者皆可　(D) 兩者皆非

(　) 5. 使用 Python IDLE 及 Jupyter 下列何者為非？

(A) 佔記憶體空間較少

(B) 線上即時操作也方便

(C) 啟動較慢

(D) 有很多模組（module）和套件（package）並沒有自動導入

Python 程式執行的方式

3

CHAPTER

Python 有兩種基本模式：互動式和腳本式。正常模式是在 Python 解釋器中運行腳本化和完成的.py 文件的模式。

1. **互動式（Interactive）**：直接在解譯器的提示符號>>>下一行一行執行，每執行一行馬上回應結果。
2. **腳本式（Script）**：要先寫成 .py 格式的 Python 檔案再放到 IDLE 中去執行。

3-1 互動對談式（http://python.org）

3.1.1 第一次接觸互動對談式

直接進入 Python.org 網站，輸入這幾行指令：（見圖 2-1）

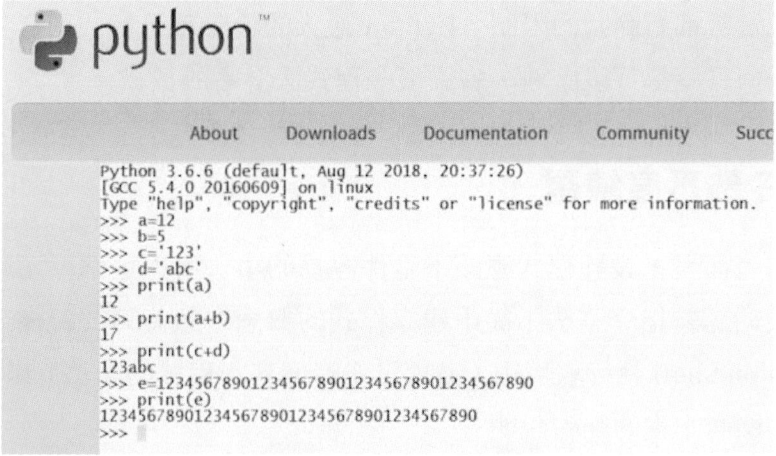

python™

About Downloads Documentation Community Succ

```
Python 3.6.6 (default, Aug 12 2018, 20:37:26)
[GCC 5.4.0 20160609] on linux
Type "help", "copyright", "credits" or "license" for more information.
>>> a=12
>>> b=5
>>> c='123'
>>> d='abc'
>>> print(a)
12
>>> print(a+b)
17
>>> print(c+d)
123abc
>>> e=1234567890123456789012345678901234567890
>>> print(e)
1234567890123456789012345678901234567890
>>>
```

圖 3-1：互動對談式

也可以在 Python Shell 上執行。

```
Python 3.7.0 Shell
File Edit Shell Debug Options Window Help
Python 3.7.0 (v3.7.0:1bf9cc5093, Jun 27 2018, 04:06:47) [MSC v.1914 32 bit (Inte
l)] on win32
Type "copyright", "credits" or "license()" for more information.
>>> a=12
>>> b=5
>>> c='123'
>>> d='abc'
>>> print(a)
12
>>> print(a+b)
17
>>> print(c+d)
123abc
>>> e=1234567890123456789012345678901234567890
>>> print(e)
1234567890123456789012345678901234567890
>>> |
```

【範例】輸入指令和資料（執行結果呈現在上圖中）

```
a=12
b=5
c='123'
d='abc'
print (a)
print(a+b)
print(c+d)
e=1234567890123456789012345678901234567890
print(e)
```

讓人驚訝的是 Python 在處理大數時，上面資料輸入 e 的值是 40 位數，當 print(e) 時，把這 40 位數忠實呈現列印出來，這是其他語言沒有辦法做到的。一般程式語言不管是整數或實數都有範圍的限制，Python 最大的優點就是程式撰寫者不需考慮數值的長度，任何長度都可以處理，省去很多程式設計者的負擔。

3.1.2 指令熟悉度練習

對於初學者而言，設計程式應該不是件容易的事，所以這個單元練習的目的是讓初學者很快的認識指令語法，從中建立程式的概念。讀者只要將練習單元中的指令輸入到 Python Shell 執行環境中，盡量思考看懂基本程式的語法，其實不是很難，實作前請詳細閱讀本書的練習說明。

檔案下載網址：http://gg.gg/py-instrucion-practice（含程式範例和執行結果）

練 習 說 明	
以下指令或程式都可在 Python.org 或 Jupyter.org 互動模式單行解譯器執行： 1. 單行指令直接 copy 貼上再按 Enter 鍵就可以執行。 2. 二行以上程式 copy 貼上後，再按兩次 Enter 鍵就可以執行。 3. 如果在 Python.org 互動模式一行一行輸入，執行結果都不會有問題，但是如果是在 Jupyter.org 拷貝整組執行指令時，執行完請接續輸入 type，因 type 指令在互動模式一次只能執行一個 type 指令。	
程式練習	**執行結果**
#（練習：1-1）	
print('hello world')	hello world
a=6	
b=5	
print(a)	6
print(b)	5
type(a) # 印出 a 的類別	Int （整數）
#（練習：1-2）	
a=6	
b=5	
c='123'	
d='ABC'	
print(c)	123
print(d)	ABC
print(a+b)	11
print(a-b)	1
print(a*b)	30
print(a/b)	1.2
print(a%b) # 餘數	1
print(a//b) # 商（整數）	1
print(a+int(c)) # c 從字串轉整數	129
print(c+d) # 字串相加	123ABC
print(c+str(a)) # a 從整數轉字串	1236
type(c) # 印出 c 的類別	str （字串）
#（練習：1-3）	
c=6.4	
type (c) # 印出 c 的類別	Float （浮點數）

程式	輸出
#（練習：1-4） d=True e=False print(d and e)　　# and 邏輯運算 print(d or e)　　# or 邏輯運算 print(not d)　　# not 邏輯運算 type (d)　　# 印出 d 的類別	 False　（假） True　（真） False Bool　（布林）
#（練習：1-5）. a=3 b=2 print(a+b) print(a-b) print(a*b) print(a/b)　　# 數學除法 print(a//b)　　# 無條件捨去除法 print(a**b) Print(a**b)　　# a 的 b 次方(不能大寫)	 5 1 6 1.5 1 9 NameError（錯誤）
#（練習：1-6） c=2+3j type (c)　　# 印出 c 的類別	 Complex　（複數）
#（練習：1-7） a=3 c=6.4 d='123' e= True type(a)　　# 印出 a 的類別 type(c)　　# 印出 c 的類別 type(d)　　# 印出 d 的類別 type(e)　　# 印出 e 的類別	 Int float str bool
#（練習：1-8）要整組五行拷貝一起執行 e = True if e : 　　print(' e is True') if (e) : 　　print(' e 是真')	 e is True e 是真
#（練習：1-9） a=-5 b=6 print(abs(a))　　# a 的絕對值 print(max(a, b))　　# a、b 的最大值 print(min(a,b))　　# a、b 的最小值	 5 6 -5

#（練習：1-10）
`    a=123`
`    b= '456'`
`    print(a+b)  # 變數型態不同會出現錯誤`
	TypeError (錯誤)

#（練習：1-11）
`a=123`
`b= '456'`
`print(a+int(b))      # 類別轉換`
`print(str(a)+b)`
	579
	123456

#（練習：1-12）
`for i in range(0,10,2):  # 迴圈`
`    print(i)      # 印出後跳下一行`
	0
	2
	4
	6
	8

#（練習：1-13）
`for j in range(0,10,-3):`
`    print(j)   # 0-3=-3 已經小於終值 10`
	（無結果）

#（練習：1-14）
`for j in range(1,10,2):  # 迴圈`
`    print(j,end=' ' )      # 不跳行跟著印`
	13579

#（練習：1-15）
`for j in range(10,1,-3): # 迴圈`
`    print(j)`
	10
	7
	4

3-2 腳本式 - 整合開發環境（IDLE）

3.2.1 程式執行

Python 官網提供一個簡單的 IDLE，供使用者編寫 Python 程式，編寫完成再把程式存到 .py 的 Python 檔案以便下次再執行；或者也可以執行現有的 Python 檔案，呼叫現有的 Python 檔案是在 Python Shell 畫面上按 File / Open 就可以呼叫已有的檔案。至於新的檔案編寫是在點下拉式選單 File / New file 之後，出現編輯畫面提供使用者編寫新的 Python 程式，編寫完後必須先執行看看，如果有錯誤就進行修改，修改的過程有些人就把它稱為 Debug，也就是「除錯」。除錯是發展程式重要技能之一，程式設計人員都必須具備除錯的能力，追蹤程式數值的變化，透過設定中斷點或者用 print 指令列印變數數值，偵查程式錯誤的地方並進行修正，直到程式正確為止，程式正確記得按 Save 存檔。

3.2.2 第一個 Python 程式

腳本式就是輸入多行程式再去執行這個程式，當你進入 Shell 之後，請按左上角 File，再按 New File（本書以 File / New File 表示畫面選單的按鈕選擇順序），這時會進入編輯器畫面，IDLE 編輯器的畫面非常像 Windows 的記事本，你可以將程式一行一行輸入進去，程式寫完之後再執行，執行程式請按編輯器上面的 Run / Run Module，如下圖所示：

下面有一個四張畫面拷貝圖形集成一頁的畫面：

1. 最上面一張是用記事本輸入這四行程式。
2. 中間圖形是執行 IDLE 編輯器以後，用下拉式選單點選 File / New File 得到的畫面，並且把記事本中的程式拷貝進來。
3. 執行 IDLE 中的程式，用下拉式選單點選 Run / Run Module 會出現要你存檔的文字框，畫面會詢問要把所編輯的檔案放在哪裡，按「確定」後可以在桌面上存一個 .py 的 Python 程式，檔名可以暫時取名為 99（意味 99.py）。
4. 右下方圖形為 Shell 視窗並顯示執行結果。

3.2.3 語法熟悉度練習

在指令熟悉度練習的習作之後，本書又設計了語法熟悉度練習，練習程式的雛形，各位不需要設計程式，只要將程式輸入（或拷貝到）IDLE 的編輯環境中，嘗試執行看看結果以便建立程式邏輯。本書在 http://gg.gg/py-book 上放置本練習程式檔案，各位可以不必重打指令和程式，直接在網路上下載相關檔案就可以練習了。練習完這個程式應該可以很快對於程式的架構會有基本的認識。程式中有刻意設計錯誤的語法，供讀者練習修正，透過修正除錯的練習，可以摸索程式的概念。Python 程式指令和符號都只能接受英文字，國內學生經常使用中文，如果在程式中指令和符號夾雜中文字元，執行都會錯誤。學習方法就是盡量看懂程式的語法，遵守指令格式，要能設計程式之前首先要了解所有語言指令語法，觀摩程式到達一個程度之後，設計程式就能水到渠成駕輕就熟。

為了讓讀者快速建立程式觀念，本書提供**語法熟悉度練習**，以下程式建議在 Python IDLE 使用腳本式執行(或在 Jupyter.org 線上執行) 。下面檔案連結附有可以執行的程式，學習者可以嘗試，請拷貝程式後貼上執行，程式都可以正確執行，請下載下面電子檔練習。

下載網址：http://gg.gg/pt-syntax-practice（含程式範例和執行結果）

 語法熟悉度練習

說明：

1. 在 Python IDLE 編輯器中可以從每一行程式的顏色看出程式是否正確。

   （內定顏色）

   註解：　紅色

   字串、多行註解：　綠色

   迴圈 for、if：　棕色

   輸出 input、print：粉紅色

2. 以 tab 鍵進行內縮，不要使用空白內縮。要對齊才算是同區塊程式碼，若用 4 個空白內縮，則同區塊程式都要用 4 個空白對齊。

```
if True:
   print "Yes"
else:
   print "No"
```

3. 使用分號；將多個命令放在同一行。

```
a=4; b=3; print (a+b)
```

4. #（用#開頭）就是單行註解。

5. ''' 為多行註解，即是連續三個單引號。

<table>
<tr><th>練　習</th><th>執行結果</th></tr>
<tr><td>#（練習：2-1）<pre>
for i in range(1,10):
    for j in range(1,10):
         print(i*j) # 換行，若不換行要改成 print(i*j,
end=' ')
</pre></td><td><pre>
1
2
3
4
5
6
7
8
9
(中間省略)
18
27
36
45
54
63
72
81
</pre></td></tr>
<tr><td>#（練習：2-2）<pre>
for i in range(1,10):
    for j in range(1,10):
        print(i*j, end=' ') # 不換行，跟著印
    print(end='\n')   # 換行
</pre></td><td><pre>
1 2 3 4 5 6 7 8 9
2 4 6 8 10 12 14 16 18
3 6 9 12 15 18 21 24 27
4 8 12 16 20 24 28 32 36
5 10 15 20 25 30 35 40 45
6 12 18 24 30 36 42 48 54
7 14 21 28 35 42 49 56 63
8 16 24 32 40 48 56 64 72
9 18 27 36 45 54 63 72 81
</pre></td></tr>
<tr><td>#（練習：2-3）<pre>
a = ['Jerome', 0.38, 1234, True]   # 設定串列
for i in range(0, len(a)):
    print(a[i])
</pre></td><td><pre>
Jerome
0.38
1234
True
</pre></td></tr>
</table>

<table>
<tr><td colspan="2">#（練習：2-4）</td></tr>
<tr><td>

```
for i in range(1,10):        # 九九乘法表比較實際的寫法
    for j in range(1,10): # 通常縮排的空格數為 4 個，
                          # 其實用 2 到 6 個空格都可
        print("%3d" % (i*j), end='')
                          # %3d 每個數值以十進位佔三格
    print('')             # 換行或用'\n'也可以
```

</td><td>

```
1  2  3  4  5  6  7  8  9
2  4  6  8 10 12 14 16 18
3  6  9 12 15 18 21 24 27
4  8 12 16 20 24 28 32 36
5 10 15 20 25 30 35 40 45
6 12 18 24 30 36 42 48 54
7 14 21 28 35 42 49 56 63
8 16 24 32 40 48 56 64 72
9 18 27 36 45 54 63 72 81
```

</td></tr>
<tr><td colspan="2">#（練習：2-5）</td></tr>
<tr><td>

```
# 九九乘法表

''' ( 這是多行註解 )
print(i*j, end='')
就是在 print( , end='')函數的第二個參數，加上了 end=''
'''

for i in range(1,10):
    for j in range (1,10):
        if i*j < 10 :
            print ('', i*j, end=' ')# 不換行，跟著印
        else :
            print (i*j , end=' ')    # 不換行，跟著印
    print(end ='\n')                 # 換行
```

</td><td>

```
1  2  3  4  5  6  7  8  9
2  4  6  8 10 12 14 16 18
3  6  9 12 15 18 21 24 27
4  8 12 16 20 24 28 32 36
5 10 15 20 25 30 35 40 45
6 12 18 24 30 36 42 48 54
7 14 21 28 35 42 49 56 63
8 16 24 32 40 48 56 64 72
9 18 27 36 45 54 63 72 81
```

</td></tr>
<tr><td colspan="2">#（練習：2-6）</td></tr>
<tr><td>

```
ans = 35                          # 猜數字的解答
for guessChance in range(0,3):
    guess = int(input("Please input a number
(1~100):"))
# 二行合併，單引號改雙引號
    if ans == guess:
       print  ('答對了')
       break                      # 猜對後跳出 for 迴圈
    else:
       print('猜錯了')

print('遊戲結束')
```

</td><td>

```
Please input a number
(1~100):50
猜錯了
Please input a number
(1~100):35
答對了
遊戲結束
```

</td></tr>
<tr><td colspan="2">#（練習：2-7）</td></tr>
<tr><td>

```
list = ['Jerome', 0.38, 1234, True]
for i in range(0, len(list)):
    print (list[i],type(list[i]))

print ('變數是 string 的有：')
for i in range(0,len(list)):
    # 變數的 class 類型判斷，可以用 isinstance()
    if isinstance(list[i], str):
        print (list[i], type(list[i]))
```

</td><td>

```
Jerome <class 'str'>
0.38 <class 'float'>
1234 <class 'int'>
True <class 'bool'>
變數是 string 的有：
Jerome <class 'str'>
```

</td></tr>
</table>

#（練習：2-8）

```
a=['Jerome', 0.38 , 1234 , True]
for i in a :
    print(i)
```

```
Jerome
0.38
1234
True
```

#（練習：2-9）

```
a = [2,4,6,8,10]                    # 設定串列
for i in range(0, len(a)):
    print(a[i]*a[i])
    a[i] = a[i]*a[i]
    print(a)
```

```
4
[4, 4, 6, 8, 10]
16
[4, 16, 6, 8, 10]
36
[4, 16, 36, 8, 10]
64
[4, 16, 36, 64, 10]
100
[4, 16, 36, 64, 100]
```

#（練習：2-10）

```
a=input()
print('a=',a)     # 需要輸入一個數值，輸入前會有提示文字

n=input('你的名字: ')  # 提示輸入文字
print('你的名字: ',n)
```

```
Wen
a= Wen
你的名字: Jia-Rong
你的名字:  Jia-Rong
```

#（練習：2-11）

```
# a=int(input('輸入整數 1:  ')) # 提示輸入整數 1
# b=int(input('輸入整數 2:  ')) # 提示輸入整數 2
a=5
b=2

print('a+b=',a+b)
print('a-b=',a-b)
print('a*b=',a*b)
print('a/b=',a/b)
print('a%b=',a%b)      # 餘數
print('a//b=',a//b)    # 商(整數)
print('a**b=',a**b)    # 次方
```

```
a+b= 7
a-b= 3
a*b= 10
a/b= 2.5
a%b= 1
a//b= 2
a**b= 25
```

#（練習：2-12）

```
age = 20               # 練習時這裡可分別輸入不同數字
if (age > 70) :
    print('老年')
elif (age < 30 ):
    print('青年')
else:        # 30-70
    print('壯年')
```

```
青年
```

<table>
<tr><td colspan="2">#（練習：2-13）</td></tr>
<tr><td><pre>phone = 'Samsung' # 可更改為 HTC
price=7000   # 可更改為 25000、15000、10000、5000
if phone == 'Samsung' and price < 10000 and price
>8500 :
    print('中階手機')
elif (phone != 'Samsung') and price < 8500 and price
> 5000:
    print('還好的手機')
elif not phone == 'Samsung' or price > 20000:
    print('高規手機')
else:
    print('一般的手機')</pre></td><td><pre>一般的手機</pre></td></tr>
<tr><td colspan="2">#（練習：2-14）</td></tr>
<tr><td><pre>op=input('輸入運算符號(+ - * / :')   # 顯性輸入
a=int(input('整數-1: '))
b=int(input('整數-2: '))

if op == ('+'):
    print(a+b)
elif op == ('-'):
    print(a-b)
elif op == ('*'):
    print(a*b)
elif op == ('/'):
    print(a/b)
else:
    print('輸入錯誤')</pre></td><td><pre>輸入運算符號(+ - * / :+
整數-1: 24
整數-2: 36
60</pre></td></tr>
<tr><td colspan="2">#（練習：2-15）</td></tr>
<tr><td><pre>print(0)
print(1)
print(2)
print(3)
print(4)
print(5)
print(6)</pre></td><td><pre>0
1
2
3
4
5
6</pre></td></tr>
<tr><td colspan="2">#（練習：2-16）</td></tr>
<tr><td><pre># 水果派對
fruits=['Apple','Banana','Watermelon','Mango']
fruits.append('Papaya')   # 增加 Papaya
print(fruits)

fruits.insert(2, 'Coconut') # 增加 Coconut 在第三位
print(fruits)</pre></td><td><pre>['Apple', 'Banana',
'Watermelon', 'Mango',
'Papaya']
['Apple', 'Banana',
'Coconut', 'Watermelon',
'Mango', 'Papaya']</pre></td></tr>
</table>

<table>
<tr><td>

```
#（練習：2-17）
# 水果
fruits=['Apple','Banana','Watermelon','Mango']
print(fruits)
fruits.pop()      # 拿掉最後面一個
print(fruits)
```

</td><td>

```
['Apple', 'Banana',
'Watermelon', 'Mango']
['Apple', 'Banana',
'Watermelon']
```

</td></tr>
<tr><td>

```
#（練習：2-18）
fruits_dinner = [ '櫻桃','椰子','葡萄','芭樂','哈密瓜
','檸檬']
fruits_dinner.remove('葡萄')
print(fruits_dinner)

fruits_dinner.clear()
print(fruits_dinner)
```

</td><td>

```
['櫻桃', '椰子', '芭樂','檸檬']
[]
```

</td></tr>
<tr><td>

```
#（練習：2-19）
scores =[20,40,60,80,100]
# scores =[20,40,60,80,100]
print('學科分數：', end=' ')
for grade in scores:
    print(grade,end=' ')
print(end='\n')
avg = sum(scores)/len(scores)
print('平均=：', avg)

print('新的分數',end='')
for grade in range(0,len(scores)):
    scores[grade] = ((scores[grade]**0.5)*10)
    # 開平方 x 10
    print('%.2f' % scores[grade]  ,end=' ')
print(end='\n')
n_avg = sum(scores)/len(scores)

print('新平均:' , n_avg)
```

</td><td>

```
學科分數： 20 40 60 80 100
平均=： 60.0
新的分數44.72 63.25 77.46
89.44 100.00
新平均: 74.97385975550067
```

</td></tr>
<tr><td>

```
#（練習：2-20）
greeting=['Red', 'Orange', 'Yellow', 'Green',
'Blue','White']
print(greeting[0:3])
print(greeting[2:4])
print(greeting[1])
```

</td><td>

```
['Red', 'Orange', 'Yellow']
['Yellow', 'Green']
Orange
```

</td></tr>
<tr><td>

```
#（練習：2-21）
alpha=['A', 'B', 'C', 'D', 'E', 'F']
print(alpha[  :4])
print(alpha[3:  ])
```

</td><td>

```
['A', 'B', 'C', 'D']
['D', 'E', 'F']
```

</td></tr>
</table>

```
#（練習：2-22）
n=[]
for i in range(0,10):
    i = int(input('分別輸入 10 個數值:'))
    n.append(i)
print(n)
print(end='\n')

'''
for i in range(0,10):          # 可以檢視內容
    print('n [',i,'] =',n[i])
'''

for questions in range(0,3):
    a = int(input('從第幾個: '))
    b = int(input('加到第幾個: '))
    print(a,'到',b, '的總和=',sum(n[a-1:b]))
    print(end='\n')
```

```
分別輸入 10 個數值:1
分別輸入 10 個數值:2
分別輸入 10 個數值:3
分別輸入 10 個數值:4
分別輸入 10 個數值:5
分別輸入 10 個數值:6
分別輸入 10 個數值:7
分別輸入 10 個數值:8
分別輸入 10 個數值:9
分別輸入 10 個數值:10
[1, 2, 3, 4, 5, 6, 7, 8, 9, 10]

從第幾個: 3
加到第幾個: 5
3 到 5 的總和 = 12
```

3-3 習題

(　) 1. Python 語言以下列哪個符號及縮排，來表示程式區塊？

(A) 冒號（:）　(B) 分號（;）

(C) 井字號（#）　(D) 百分比（%）

(　) 2. Python 語言使用下列哪個符號，進行單行註解？

(A) 冒號（:）　(B) 分號（;）

(C) 井字號（#）　(D) 百分比（%）

(　) 3. Python 語言使用下列哪個符號，將多個命令放在同一行？

(A) 冒號（:）　(B) 分號（;）

(C) 井字號（#）　(D) 百分比（%）

(　) 4. Python 語言用來表示程式區塊使用之縮排，下列何者錯誤？

(A) 以 tab 鍵進行內縮　(B) 以 4 個空白內縮

(C) 只要有內縮即可　(D) tab 鍵或 4 個空白不可混著用

(　) 5. fruits=['Apple','Banana","Watermelon',"Mango']下列何者錯誤？

(A) 可以用雙引號（"）

(B) 可以用單引號（'）

(C) 可以混著用

(D) 不可用全形單引號（’　）

認識 Python 基本語法

4

CHAPTER

4-1 輸出輸入指令

通常程式在執行的時候都需要輸入資料，要把資料送到程式中有兩種方法：第一種方法就是讓使用者從鍵盤輸入資料 input() 指令；另外一種方法就是在程式中設定，如：m=5；n=10…等等，本書在範例中盡量在程式中設定資料數值，以免使用者輸入錯誤造成困擾。

4.1.1 print 輸出指令

其實 print 是一個函數，後面會解釋什麼叫做函數？print 指令提供三個參數，格式如下：

```
print（變數：Sep="分隔符號"，end="結束符號"）
```

一般使用上，會輸出多個變數，就用逗號隔開，例如：

```
a=3
b=2
print(a,b)
print(a+b)
print(a,b,sep="%")
```

輸出結果是：

```
3 2
5
3%2
```

這代表著分隔符號的預設是空白，另一個結束符號的預設是 '\n' 代表換行。print() 會讓列印自動跳下一行，等於 print ("\n") ，九九乘法表程式是讓你了解資料不跳行跟著印 (end='') 和印出後跳下一行最好的練習，為了精準控制畫面欄位列印格式，format 指令也都需要清楚了解。

下面舉出五個九九乘法的程式供各位觀摩練習（下載程式：e-5-9x9.py）：

```
for i in range(1,10):
    for j in range (1,10):
        print (i*j , end=' ')
    print()
```

```
for i in range(1,10):
    for j in range (1,10):
        print ("%3d" %(i*j) , end='')
    print()
```

```
for i in range(1,10):
    for j in range (1,10):
        print (i*j , end=' ')
    print(end ='\n')
```

```
for i in range(1,10):
    for j in range (1,10):
        if i*j < 10 :
            print ('', i*j, end=' ')
        else :
            print (i*j , end=' ')
    print(end ='\n')
```

```
for i in range(1,10):
    for j in range (1,10):
        if i*j < 10 :
            print (i,'x',j,'= ',i*j, end=' ')
        else :
            print (i,'x',j,'=',i*j , end=' ')
    print()
```

如果要在字串中放進變數輸出，可使用下列的三個方式。假設有下列輸入：

【練習範例】下載程式：阿珠的成績.py

```
a=65
b=92
print('阿珠的成績是:' +str(a)+' 阿花的成績是：'+str(b))
print('阿珠的成績是:%3d,阿花的成績是:%3d' %(a,b))
print('阿珠的成績是: {}, 阿花的成績是: {}'.format(str(a),str(b)))
```

【執行結果】

```
阿珠的成績是:65 阿花的成績是：92
阿珠的成績是: 65,阿花的成績是: 92
阿珠的成績是: 65, 阿花的成績是: 92
```

【指令說明】

1. 用"+"連結字串輸出

```
print('阿珠的成績是: "+str(a)+"，阿花的成績是：'+str(b))
```

2. 用參數格式化的方式：%d 代表十進制整數輸出

```
print('阿珠的成績是: %3d , 阿花的成績是: %3d' %(a,b))
```

3. 用字串的 format() 函數格式輸出

```
print('阿珠的成績是: {}, 阿花的成績是: {}'.format(str(a),str(b)))
```

4.1.2 跳脫字元（Escape）

和 C 語言類似，Python 也有跳脫字元，所謂的跳脫字元就是 \ 再加上一些特定符號，如：\n 用來列印打不出來或會被誤解的特殊符號。以下列出各種跳脫（Escape）字元：

跳脫字元	代表字元	跳脫字元	代表字元
\\	反斜線\	\n	換行
\'	單引號'	\r	Return
\"	雙引號"	\t	定位
\a	喇叭嗶聲	\ooo	8 進制
\b	退位	\xhh	16 進制
\f	下跳一頁	\x41	A

【指令練習】

```
>>> print('1/4')
1/4
>>> print('1\\4')
1\4
>>> print('\name')                  # \n 印出時跳下一行

ame
>>> print('\\name')
\name
>>> c='abcde'
>>> print('\tJerome %s' % c)        # %s 字串格式
  Jerome abcde
>>> print('\tJerome')
  Jerome
>>> print("It\'s my \"pleasure\")

SyntaxError: EOL while scanning string literal
>>> print("It\'s my \"pleasure\"")

It's my "pleasure"
>>> print('印出單引號\'')


印出單引號'
>>> print("\\101 is \101.\n")      # \101(八進位) = 65(十進位)

\101 is A.

>>> print("\\x41 is \x41")

\x41 is A
```

4.1.3 格式化輸出及%用法

參數	格式描述	實例練習

%%	輸出一個%	`>>> a=123.45`
		`>>> print('%6.2f %%' %a )`
		`123.45 %`

%c	字符或 ASCII 碼	`>>> print ( "%c" % 65 )` `A`
%s	字符串	`>>> print("I'm %s. I'm %d year old" % ('Hom', 30))` `I'm Hom. I'm 30 year old`
%o	八進制整數	`>>> print ( "%4o" % 10 )` `12`
%d	十進制整數	`>>> print ( "%4d" % 10 )` `10`

參數	格式描述	實例練習
		`>>> print ( "%04d" % 10 )` `0010`
%x	十六進制整數	`>>> print ("%+10x" % 10)` `+a`
%f	浮點數	`>>> print ("%6.3f" % 2.3 )` `2.300`
%e	浮點數（科學計數法）	`>>> print('%e' % 1.11)` `1.110000e+00`

% 為修飾格式輸出符號

【資料格式】

先設定 a=1234；b=12.34

資料	格式	印出結果									
a	%8d					1	2	3	4		
a	%+d	+	1	2	3	4					
a	%-8d	1	2	3	4						
a	%d	1	2	3	4						
a	% d		1	2	3	4					
a	%010d	0	0	0	0	0	0	1	2	3	4
b	%7.2f			1	2	.	3	4			
b	%010.3f	0	0	0	0	1	2	.	3	4	0
b	%+10.4f			+	1	2	.	3	4	0	0

【指令練習】

```
>>> a=1234
>>> b=12.34
>>> print("%8d" %a)
    1234
>>> print("%+d" %a)
+1234
>>> print("%-8d" %a)
1234
```

```
>>> print("%d" %a)
1234
>>> print("% d" %a)
1234
>>> print("%010d" %a)
0000001234
>>> print("%7.2f" %b)
  12.34
>>> print("%010.3f" %b)
000012.340
>>> print("%+10.4f" %b)
  +12.3400
>>>
```

4.1.4 input 輸入指令

input 指令又有兩種輸入方法：「隱性輸入」和「顯性輸入」。隱性輸入就是 n= input('') 的指令，執行後畫面會出現游標 | 等待輸入，一般人會不知道要輸入什麼資料；顯性輸入在輸入時會先列印出提醒文字，例如：

1. 隱性輸入

```
s = input('')           # 這個時候一直輸入的是字串
n = int(input(''))      # 輸入的是整數
```

2. 顯性輸入

```
s = input('請輸入一個數值( 0<s<100)')          # 這個時候一直輸入的是字串
n=int( input('請輸入一個數值( 0<s<100)')       # 這個時候一直輸入的是整數數值
```

【範例說明】

(1) 有提示字的輸入

【程式範例】

```
name = input('請輸入你的名字：')
print('歡迎 ', name)
```

【執行結果】

```
請輸入你的名字：Jerome
歡迎  Jerome
```

(2) 沒有提示字的輸入，計算總和（sum-0.py）

【程式範例】

```
n=int(input())  # 執行後畫面會出現游標 | 等待輸入
s=0
for i in range(n+1):
    s=s+i
print(s)
```

【執行結果】

```
10    (請輸入 10)
55
```

3. 這個程式也可以修改成輸出入都有提示字元（sum-1.py）

【程式範例】

```
n=int(input("請輸入一整數 n="))
s=0
for i in range(n+1):
    s=s+i
print(" 1 到 ",n, "的總和=", s)
```

【執行結果】

```
請輸入一整數 n=10    (請輸入 10)
 1 到 10 的總和= 55
```

4-2 Python 程式內涵簡介

內涵所指的是資料和指令，要練習撰寫 Python 程式之前，希望能夠先對 Python 語言的元素有一個粗淺的認識，下面每一項在最後面的篇章中都有更詳細探討。在這一節中各位只要了解初步概念，知道有這些元素存在，至於詳細的使用方法後面會再討論。電腦的資料就是靠變數的傳遞，變數的屬性重要的如下圖所示，包括變數位址、名稱、類別、數值等。

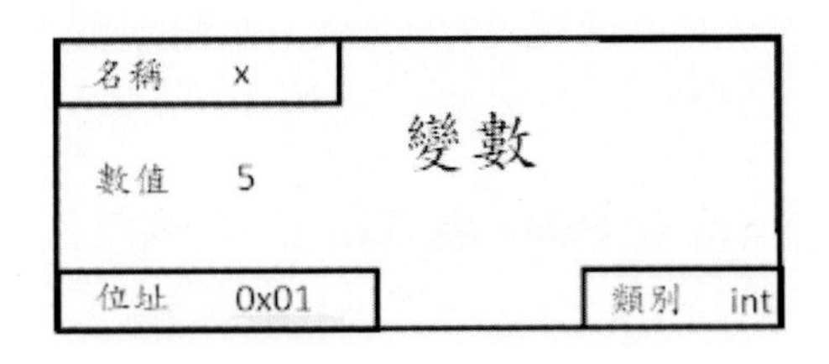

4.2.1 數

數就是數值，也就是一般認為的數字。「常數」和「變數」的差別是：常數用在程式裡面，並沒有存放在記憶體，用完了就沒有了；變數會存在記憶體裡面，存放位置為了方便使用，就用變數來表示。

1. 常數：是固定不變的數，在寫程式的時候所輸進去的數字都是常數。
2. 變數：就是用英文字母代替數值的變數，像在代數的 x 和 y 都是變數。

當各位在參考國外的程式時喜歡用很長的名字或者底線 _ 當變數名稱的字元，主要是他們熟悉英文單字，國內學生對名稱比較長的變數不太適應，也會和保留字混用，所以本書在用變數的時候都是用最精簡的字母，例如：a,b,c,,,i,j,k,,,m,n,,,x,y,z,, 等等。

4.2.2 字

電腦可以處理的字包括：數字、英文字母、中文字、符號等等。Python 定義字元是將字元和字串用單引號 ' 或雙引號 " 括弧起來，在 IDLE 編輯器上呈現的是綠色，這樣有助於你了解程式結構是否正確。

1. 字元：一個字就是字元，像：'1', '2', '3',,,,, 'a', 'b', 'c'
2. 字串：很多字元會組成字串，像：'abc', '123', '水果', '星期一'

字串字元也有常數跟變數，例如：

1. 常數： "my name is Jerome" 就是字串常數。
2. 變數：s="my name is Jerome"，s 就是字串變數。

4.2.3 邏輯

Python 中也提供幾個基本布林運算所需的「邏輯運算子（logical operator）」，分別為「且（and ）」、「或（or ）」及「反相（not）」三個運算子。

1. 常數邏輯的值只有 True 或者 False 兩者之一。

2. 變數 a=True，T 是大寫，那 a 就是存放邏輯值的變數，下面這個例子可以說明 a 所存放的邏輯值是真（True）。

【程式範例】

```
a=True
if (a) :
    print(a)
```

【執行結果】

```
True
```

4.2.4 運算

運算子（operator）的功用是結合物件，組成運算式（expression），以計算某些結果；物件又稱為運算元（operand）。

小學時候大家都學過算術四則運算加減乘除，現在到了電腦，大部分程式語言都提供 7 則運算：加（+）、減（-）、乘（*）、除（/）、餘（%）、整商（//）、次方（**）等，下面這行式子代表這算術運算其中有運算子和運算元：

```
a=b+c*2-8
```

1. 運算子：就像 +、 *、 - 等等運算符號
2. 運算元：b、c、2、8 就是運算的元素

4.2.5 運算的種類

一般程式語言所執行的運算種類包括：數值運算、字串運算、邏輯運算和比較運算。

1. 數值運算：+、 -、 *、/、%、//、**
2. 字串運算：+、*、[]
3. 邏輯運算：and 、or、not
4. 比較運算：< >、==、 ! =、< >、>=、<=
5. 位元（布林）運算：&、|、~

4.2.6 指令

不少人認為程式設計很難，其實程式語言除運算之外就只有：判斷和迴圈二種指令，至於函數也都是由上述三種指令完成。

1. 設定：例如：a=6 就是設定把右邊的 6 存到左邊的 a 變數中。
2. 判斷：if 指令，運算式也是用來決定一則運算式在成立的時候要執行哪些程式，不成立的時候又要執行哪些程式。
3. 迴圈：有 for 和 while 兩個指令。for 一般用在已經知道起始值和終止值的情況，while 用在不確定執行次數的情況，在程式中使用 continue 和 break 決定何時跳出迴圈。

4.2.7 資料型別

Python 在處理這些資料型別時還包括下列幾項：

- 數值（value）：如 1234、12.34
- 字元（character）：如 'a'、'b'、'c'、'1'、'2'、'3'
- 字串（string）：如 'asd3234'

有一個資料型別是有次序性的資料又稱容器（container），資料型態如下，在其他語言就是陣列：

- 列表（list）：如 [1，'abc',(1,3),[2,3]]
- 元組（tuple）：如 (1，'abc',[1,3])
- 字典（dictionary）：如 {'key1'：'values','key2':'very good'}
- 集合（set）：如 {1，'abc',(1,3)}

4.2.8 函數

函數在數學中為兩集合間的一種對應關係，輸入值的每項元素皆能對應一項輸出值。$f(x) = x^2$ 實數 x 對應到其平方 x^2 的關係就是一個函數，若以 3 作為此函數的輸入值，pow(3,2) 所得的輸出值便是 9。

1. **內定函數**：設置在系統裡面的函數隨時可用，如取絕對值的 abs()。
2. **自訂函數**：使用者自己設計的函數，如自訂的 def funname()。
3. **外部函數**：外部函數在系統之外必須要先導入 import 套件或模組才能執行，例如：math、random、numpy 等。想使用在其他 module 裡定義的 function、class、variable 等等，就需要在使用它們之前先進行 import 導入。

【程式範例】

```
import math
print ("math.sqrt(100)= : ", math.sqrt(100))
print ("math.sqrt(7)= : ", math.sqrt(7))
print ("math.sqrt(math.pi)= : ", math.sqrt(math.pi))
```

【執行結果】

```
math.sqrt(100)= :  10.0
math.sqrt(7)= :  2.6457513110645907
math.sqrt(math.pi)= :  1.7724538509055159
```

4-3 語法規則

當各位選擇用 Python 做為程式語言的時候，請了解 Python 和 C 大致相同，最大的差別在於 C 採用編譯式（compiler）；Python 用解譯式（interpreter），二者語法大致相同。Python 基本上都保留 C 的語法，只不過 Python 把變數的定義交給解譯器去執行，免除撰寫程式者的負擔，這一點從學習者角度而言實在是太方便了。

Python 語法簡潔且能快速開發，無論處理網頁、遊戲、演算資料科學皆有其優勢，但其速度卻略慢。各位也不用擔心，當有一天你需要用到 C 的時候可以迅速轉換，因為 Python 語法和 C 語法基本上非常類似，如果把 C 語言前面的標頭檔和變數定義拿掉，兩者架構相去不遠，但 Python 學習上相對容易。

4.3.1 程式編寫環境

如果從網路上搜尋可以提供編寫 Python 程式的 IDE（Integrated Development Environment）可能不下 20 種，這些編寫環境其實只是為了節省程式編寫者的心力，在程式的編寫和觀看程式執行的輸出結果時，提供使用者介面方便使用者操作。這些環境在安裝的時候，還是要導入相同且是唯一 Python 的核心解譯器，這些解譯器可在 Python.org 取用。Python.org 也提供一個 IDE，為了方便跟其他工具區分，它就叫做 IDLE，不過這一個簡易器 IDLE 功能比較陽春，所以一般使用者會喜歡使用 Jupyter 或者 Anaconda 之類的多語言多功能編輯環境，各位一定要留意功能越強的編輯程式，所佔的記憶空間一定比較大，對學習邏輯的學生而言，Python 游刃有餘。

IDLE 提供兩種編輯模式，就是「互動式」和「腳本式」：

1. 互動式

   互動式不需要編寫腳本文件之類的程式，在編輯器的提示符號 >>> 下一行一行輸入，解譯器會一行一行回應執行的結果，這就是解譯器的基本精神，方便執行容易除錯。

當執行從 Python.org 下載安裝的 IDLE 程式之後，它會提供這個 shell 介面：

```
Python 3.7.0 Shell
File  Edit  Shell  Debug  Options  Window  Help
Python 3.7.0 (v3.7.0:1bf9cc5093, Jun 27 2018, 04:06:47) [MSC v.1914 32 bit (Inte
l)] on win32
Type "copyright", "credits" or "license()" for more information.
>>>
```

提示符號下就可以一行一行輸入，操作簡單學習容易，各位可以嘗試輸入一個長達 30 位的數字，再嘗試著把它印出來，能夠簡單執行這種大數的程式語言就屬 Python 最方便：

```
a=123456789012345678901234567890
print(a)
type(a)  # 印出變數的資料型態（Class）：int、float、str、list 等等
```

【程式範例和執行結果】

```
>>> type(5)
<class 'int'>
>>> type(3.8)
<class 'float'>
>>> type('Jerome')
```

```
<class 'str'>
>>> type(['a'])
<class 'list'>
>>> type({'you'})
<class 'set'>
>>>
```

2. 腳本式編寫程式

腳本式就是在 IDLE 編輯器寫一個 .py 的程式，各位可以在上圖 Python Shell 的介面下點選 File / New File 就可以開始編寫一段新的程式，寫完程式後執行結果，按 Run / Run Module。當程式執行完成後，也可以利用 File / Save as 另存一個 .py 的檔案。現在開始來練習寫一個簡單的 Python 程式，所有 Python 程式都以.py 為副檔名。各位可以在編輯器嘗試寫下這一個單行的 hello.py 程式。

```
print ("Hello, Python ! ")
```

執行輸出結果為：

```
Hello, Python  !
```

[畫面實例]

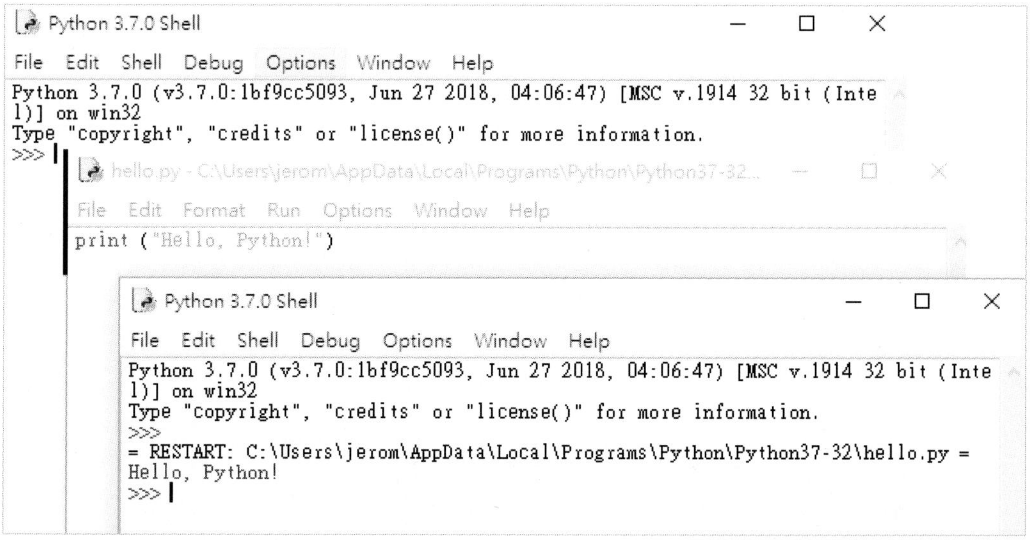

```
Python 3.7.0 Shell
File Edit Shell Debug Options Window Help
Python 3.7.0 (v3.7.0:1bf9cc5093, Jun 27 2018, 04:06:47) [MSC v.1914 32 bit (Intel)] on win32
Type "copyright", "credits" or "license()" for more information.
>>>

hello.py - C:\Users\jerom\AppData\Local\Programs\Python\Python37-32...
File Edit Format Run Options Window Help
print ("Hello, Python!")

Python 3.7.0 Shell
File Edit Shell Debug Options Window Help
Python 3.7.0 (v3.7.0:1bf9cc5093, Jun 27 2018, 04:06:47) [MSC v.1914 32 bit (Intel)] on win32
Type "copyright", "credits" or "license()" for more information.
>>>
= RESTART: C:\Users\jerom\AppData\Local\Programs\Python\Python37-32\hello.py =
Hello, Python!
>>>
```

4.3.2 語法規則

因為 Python 指令規定繁瑣，系統龐大，初學者很難全盤瞭解。本書整理了幾個簡單的語法規則，應能滿足初學者入門學習之需，請各位務必細心閱讀。

1. 變數命名

要為變數、函數或者副程式命名時，請務必留意下面幾個規定：

(1) 在 Python 裡，標識符由字母、數字、下劃線組成，不得為保留字。

(2) 在 Python 中，所有標識符可以包括英文、數字以及下劃線（_），但不能以數字開頭。

(3) Python 中的標識符是區分大小寫的，a1 和 A1 不同。

(4) 以下劃線開頭的標識符是有特殊意義的。

```
>>> dir
<built-in function dir>
>>> dir()                    # 顯示內建模組
['__annotations__', '__builtins__', '__doc__', '__loader__', '__name__',
'__package__', '__spec__']
>>> dir(__builtins__)        # 顯示內建函數名稱
```

2. 縮排

學習 Python 與其他語言最大的區別就是 Python 的程式區塊，不像 C 使用大括號 {} 來定義函數以及其他邏輯判斷。Python 最具特色的就是用縮排來寫程式區塊。

內縮的空白數量是可變的，以 2 到 6 個空白為原則，一般定義是 4 個空白（但是所有程式區塊語句必須包含相同的內縮空白數量）。如下所示：

【程式範例】

```
# 函數，印出費氏數列（執行 fib()函數）
def fib(n):
    a, b = 0, 1
    while a < n :
        print(a, end=' ')
        a, b = b, a+b
    print()
fib(1000)  # 印出小於 1000 以前的費氏數
```

四個空白

3. Python 保留字符

Python 中的保留字如下表。這些保留字不能用作常數或變數或任何其他標識符的名稱，所有 Python 的關鍵字只包含小寫字母：

and	exec	not	assert	finally	or
break	for	pass	class	from	print
continue	global	raise	def	if	return
del	import	try	elif	in	while
else	is	with	except	lambda	yield

4. 每一運算式左括號數等於右括號

如下式：

```
x= 5+(x+(6**2))
```

又如下式：

```
if ((list[4] - list[8] ==6) or (list[8]-list[4]==4)):
```

5. 多行語句（一行拆成多行）

(1) Python 語句中一般以新行作為語句的結束符。

可以使用反斜線「 \」將一行的語句分為多行顯示，在一行末尾加上「 \」，也就是空格加上 \，如下所示：

```
total = item_one + \
item_two + \
item_three
```

(2) 其實用括號也可以，比如：

```
total = ( item_one +
item_two +item_three)
```

(3) 語句中包含 []、{} 或() 括號就不需要使用多行連接符。如下例：

```
days = ['Sunday','Monday' , 'Tuesday' , 'Wednesday' ,
'Thursday' , 'Friday,'Saturday']
```

6. Python 引號

(1) Python 可以使用引號（' ）、雙引號（" ）、三引號（'''或"""）來表示字符串，引號的開始與結束必須是相同類型的。

(2) 三引號可以由多行組成多行註解，如下面程式使用 '''，多行註解：

【程式範例】

```
# 函數印出費氏數列 （執行函數）
'''
這個程式使用了 fib()自訂函數
呼叫 fib 函數後，參數 1000 會被帶進函數中
所以執行本程式會印出 1000 以內的費式數列：

'''
def fib(n):
    a, b = 0, 1
    while a < n :
        print(a, end=' ')
        a, b = b, a+b
    print()
fib(1000)    # 印出小於 1000 以前的費氏數
```

7. Python 註解

初寫程式設計的人很懶得寫註解，但是當程式漸漸擴大，如果沒有充分的註解，可讀性低，以後要看程式和維護非常不容易，所以要養成撰寫註解的習慣。註解可以分單行註解和多行註解：

(1) Python 中單行註解採用 # 開頭：

```
# !/usr/bin/python # -*- coding: UTF-8 -*-
# 文件名：hello-python.py
# 第一個註解寫在這裡
# 第二個註解寫在這裡

Print ( "Hello, Python!")
```

輸出結果：

```
Hello, Python！
```

(2) 註解可以在語句或表達式行末：

name = "Madisetti" #這是一個註解

Python 中多行註解使用三個單引號（'''）或三個雙引號（"""）。

8. 多行註解

```
'''
這是多行註解，使用單引號。
這是多行註解，使用單引號。
'''

"""
這是多行註解，使用雙引號。
這是多行註解，使用雙引號。
這是多行註解，使用雙引號。
"""
```

9. Python 空行

(1) 程式之間用空行分隔，表示一段新程式碼的開始。

(2) 類別和函數之間也用一行空行分隔，以突顯函數的開始，有助於閱讀。

(3) 空行與程式碼內縮不同，空行並不是 Python 語法的一部分。寫程式時插入空行，執行 Python 解釋器也不會出錯。

(4) 空行的作用在於分隔兩段不同功能或含意的代碼，便於日後程式碼的維護或修改。

10. 等待輸入

下面這一行程式執行後就會等待使用者輸入，按 Enter 鍵後就會退出：

```
input ( "按下 Enter 鍵退出，按其他任意鍵顯示該鍵...\n" )
```

上面一行程式碼，\n 會換行。一旦使用者按下 Enter 鍵會退出，按其他鍵顯示按鍵字元：

```
>>> input ( "按下 Enter 鍵退出，按其他任意鍵顯示該鍵...\n" )
按下 Enter 鍵退出，按其他任意鍵顯示該鍵...
a
'a'
```

11. 複敘述

用 ; 分割同一行顯示多條語句。Python 可以在同一行中使用多條語句，語句之間使用分號（;）分割，冗長的程式可以用 ; 號，將多行用一行列示，以下是一個簡單的實例：

```
a=3 ; b=5; print(a,b)
t=a ; a=b ; b=t ; print(a,b)    # a，b 內涵值對調
```

執行以上代碼，輸入結果為：

```
3 5
5 3
```

12. Print 輸出

Print 內定輸出是換行的，如果要想不換行，需要在變數末尾加上 ,end='' ：

【程式範例】

```
x = "A"
y = "B"    # 換行輸出
print (x)
print (y)
print ('---------')
# 不換行輸出
print (x ,end=''), print(y,end='') #二個 print 間可以用“,”或“;”分隔
# 不換行輸出
print (x+y)
```

【執行結果】

```
A
B
---------
ABAB
```

13. 讓程式執行暫停的方法

如果電腦有安裝 IDLE，程式可以用下列三種方式暫停，也可在 Windows 桌面執行 DOS command 模式：

(1) time.sleep(secs) 讓程式執行暫停指定的秒數，請求暫停時間可以設定。

(2) input( ) 透過等待輸入來讓程序暫停，程式最下面加上這一行，就可在 Windows 下執行，不必進入 IDLE。

(3) os.system("pause") 透過執行操作系統的命令讓程序暫停，如：

```
import os
.
程式區塊
.
os.system("pause")
```

這個函數是和標準 C 函數 system() 功能相同的，需要暫停的原因主要是如果你在 Windows 上執行 IDLE，但核心程式卻是在 DOS 或是在 Linux，這時必須要有暫停指令。一般而言在 Windows 10 上這個指令不太用得上，若想在 Windows 執行可以用 input()，作為程式暫停節點。

4-4 習題

(　　) 1. Python 語言使用下列哪個符號，進行多行註解？

(A) 百分比（%）　　(B) 雙斜號（//）

(C) 三引號（'''或"""）　　(D) 反斜線（\）

(　　) 2. Python 語言使用下列哪個符號，進行多行顯示？

(A) 百分比（%）　　(B) 雙斜號（//）

(C) 三引號（'''或"""）　　(D) 反斜線（\）

(　　) 3. print 內定輸出是換行的，如果要想不換行需要在變數末尾加上？

(A) end=""　　(B) sep=""

(C) end="\n"　　(D) sep=","

(　　) 4. 下列何者非 print 格式化之參數？

(A) %e　　(B) %f

(C) %s　　(D) %b

(　　) 5. 下列何者無法讓程式執行暫停？

(A) os.system("halt")　　(B) input( )

(C) os.system("pause")　　(D) time.sleep(secs)

資料型態

5

CHAPTER

Algorithms + Data Structures = Programs

Niklaus E. Writh

Pascal 之父 Niklaus E. Writh 曾說過：『演算法加上資料結構就等於程式』。

語言提供的資料型態（data type）、運算子（operator）、程式碼封裝方式等，會影響演算法與資料結構的運作方式。

Python 的資料型態基本上可歸類：內建型態（built-in type）、變數（variable）與運算子（operator）、函數（function）、類別（class）、模組（module）與套件（package）。

其中內建型態都是物件，其數據類別（class）可分：

1. 數值類別：int（整數）、float（浮點數）、 bool（布林）、 complex（複數）
2. 字串類別：str（字串）
3. 布林類別：bool（布林）
4. 範圍類別：range（範圍）、list(串列)
5. 日期類別：datetime.timedelta（日期）
6. 容器類別：list（串列）、tuple（元組）、dict（字典）、set（集合）

5-1 數值類別：int、float、bool、complex

Python 中數值類別有四種類型：整數、浮點數、布林值和複數。

1. 整數：如 1
2. 浮點數：如 1.23、3E-2
3. 布林值：用整數代替非 0 為真，例如：2 為 True、0 為假
4. 複數：如 1 + 2j、1.1 + 2.2j 數學上的複數為實數的延伸，複數當中有「虛數單位」，分別稱為複數之「實部」和「虛部」

類型	格式實例	描述
整數	a = 10	帶符號（+、-）整數
浮點數	a = 45.67	（.）浮點實數值
布林值	a=2	非 0 為真，例如：2 為 True
複數	a = 3.14J	（J）包含 0 到 255 範圍內的整數 （包括：「實部」和「虛部」）

Python 數值（整數、浮點數、複數）變數設定後就由系統管理，如果有需要系統會自動將數值從一種類型轉換為另一種類型，程式設計人員可以使用 int()、float()、complex() 函數將數據從一種類型轉換為另一種類型。

下列實作中 type 函數傳回有關數據在變數中的儲存方式的訊息。整數表示沒有小數部分的負整數和正整數，而浮點數表示具有小數部分的負數和正數。布林值是 bool 類別。請在 Python shell 的互動模式中練習以下語句。

【指令練習】

```
>>> a=123
>>> b=(-456)
>>> type(a)
<class 'int'>
>>> type(b)
<class 'int'>
>>> c=1.23
>>> type(c)
<class 'float'>
>>> d=3.456e-10 (# : e 就是指數 Expronent, 3.456e-10 = 3.456*10^-10)
```

```
>>> type(d)
<class 'float'>
>>> e=6E230
>>> print(e)
6e+230
>>> s='abc'
>>> type(s)
<class 'str'>
>>> f=True
>>> type(f)
<class 'bool'>
>>> if 2 :
  print("真")
(印出)真
>>>
```

數學複數是 A+Bi 形式的數字，其中 i 是虛數。複數具有實部（Real）和虛部（Imaginary）。Python 指定 a+bj 或 a+bJ 的複數使用內置 complex（x,y）來表示複數。

【指令練習】

```
>>> x=complex(1,2)
>>> print(x)
(1+2j)
>>> g=12.345j
>>> g
12.345j
>>> type(g)
<class 'complex'>
```

5-2 字串類別

Python 中表示字串，可以使用單引號 '' 或雙引號 "" 來包括文字，兩者在 Python 中作用相同，都是構成字串 str 的符號要件。

【指令練習】

```
>>> x="jerome"
>>> type(x)
<class 'str'>
>>> y='A'
>>> type(y)
<class 'str'>
```

在某些情況下列印特殊文字或畫面控制需用到跳脫（Escape）字元 \，以下這種情況下就需要：

【指令練習】

```
>>> 'c:\dir'                # 字串中的反斜線 \，會印出 \\
'c:\\dir'
>>> print('c:\\tool')       # 字串中的反斜線 \\，會印出 \
c:\tool
>>> print('c:\tabc')        # \t 定位定位等於 tab 鍵
c:    abc
>>>
```

在字串前加上 r，表示接下來後面是以\原始字串表示，會忠實表示後續的字串。例如：

```
>>> r'c:\\abcde'
'c:\\\\abcde'
>>> print(r'c:\tool')
c:\tool
```

算字串的字元長度，可以使用 len 函數；用 for 迴圈來逐字列印字串；用 in 來測試字串是否包括某子字串；使用 + 來串接字串；用 * 來複製字串。例如：

【指令練習】

```
>>> name='Jerome'
>>> len(name)
6
>>> for ch in name:
        print(ch)
```

【執行結果】

```
J
e
r
o
m
e
>>> 'Jero' in name
True
>>> name+name
'JeromeJerome'
>>> name*4
'JeromeJeromeJeromeJerome'
```

5-3 布林類別

Python 中最簡單的內置類型是 bool 類型，表示真值 False 和 True。

【指令練習】

```
>>> m=True
>>> type(m)
<class 'bool'>
>>> n=False
>>> type(n)
<class 'bool'>
>>> b=True
>>> if b :                    # 練習這幾行時請在互動模式一行一行打入
    print('真')               # 畫面會自動定位留下四個空白
                              # 再打一次 Enter 鍵
(印出)真
>>> if 0:                     # if 後是判斷式(布林值)真或假，0 是假，下面一行不印
    print('假')


>>> if 2:                     # 布林值非 0 即真
    print('真')


(印出)真
>>>
>>> a="123"
>>> bool(a)
True
>>> bool(" ")
True
>>> bool("")
False
```

5-4 日期型態

時間類別要引入外部套件 import timedelta。

```
>>> from datetime import timedelta
>>> d = timedelta(microseconds=-1)
>>> type(d)
<class 'datetime.timedelta'>
>>> from datetime import timedelta
>>> d = timedelta(microseconds=-1)
>>> print(d)
-1 day, 23:59:59.999999
>>> type(d)
```

```
<class 'datetime.timedelta'>
>>> import time
>>> localtime = time.asctime( time.localtime(time.time()))
>>> print( "本地時間:", localtime)
本地時間: Fri Feb  8 20:44:03 2019
>>>
```

5-5 習題

一、選擇題

(　) 1. print(type(56.0)) 顯示的結果為何？

(A) int　(B) float　(C) str　(D) double

(　) 2. 下列何者錯誤？

(A) print(str(15)+str("83")　(B) print(str(15)+"83")

(C) print(15+int("83"))　(D) print(15+"83")

(　) 3. 如果執行 score=100，該行執行後變數 pi 的型態會是？

(A) int　(B) float　(C) str　(D) bool

(　) 4. 如果執行 pi=3.1415926，該行執行後變數 score 的型態會是？

(A) int　(B) float　(C) str　(D) double

(　) 5. print("c:\\tool") 印出的結果為何？

(A) c:\tool　(B) c:\\tool　(C) c:　tool　(D) "c:\\tool"

二、實作題

1. 請建立一個 Python 程式檔，計算下列二個複數之加、減、乘、除後的結果。

   5-4j　2+6j

2. 地球赤道繞一圈的長度是 40076 公里，如果搭乘一架時速 460 英哩的飛機，繞赤道一圈需要多少小時？如果要在 24 小時內繞地球赤道一圈，飛機最低時速應該多少英哩。

   請建立一個 Python 程式來計算解答。（提示：1 公里=0.623 英哩）

運算

6

CHAPTER

一個運算式（Operation）中包括：運算子（Operator）和運算元（Operand）。

```
x-1 + y * 2
```

就是一個運算式。

1. 設定（set）

   z＝x－1＋y*2，就是把右邊的運算式執行運算之後所得的結果，設定到左邊的變數 z 中。電腦的設定符號「＝」，一般人唸「等於」，如 a＝a＋1 唸「a 等於 a 加 1」，其實在數學中並不存在這個式子，它主要的意思就是把 a 的變數值加 1 之後，存放到原來 a 的變數中，設定符號借用等號，所以大家就把它用等於稱呼，本意不是等於。

   運算式設定的格式：

   變數=運算

   　　=包含常數和變數的運算

2. 運算子（Operator）

   例如上式，其中－、＋和 * 是運算子。

3. 運算元（Operand）

   而 1、2、x、y、和 z 則是運算元。

4. 運算式（Operation）

Python 的運算子可分為四類，分別為：算術運算子、比較運算子、邏輯運算子（布林運算子），位元運算子等四種，還有其他運算。

6-1 算術運算子

算術運算就是數學中的四則運算，除了常見的加減乘除（＋、－、*、/）之外，尚有餘數（%）、整商運算子（//）、以及次方運算子（**），如下表，又稱七則運算。

運算子	意義
+	加法
-	減法
*	乘法
/	除法（求得兩運算元之商數）
%	餘數或稱模數（只適用整數或長整數）
//	除法運算子（取整商，除法運算後，再以 floor() 函數取值）
**	次方

【指令練習】

```
>>> a=3
>>> b=4
>>> c=5
>>> a+b+c
12
>>> a*b*c
60
>>> b/a
1.3333333333333333
>>> b//a
1
>>> a**b
81
```

下表為複合運算執行實例：

運算子	原式	簡潔運算式	a 值	b 值
			5	3
+=	a = a + b	a += b	8	3
-=	a = a - b	a-= b	5	3
*=	a = a * b	a *= b	15	3
/=	a = a / b	a /= b	5.0	3
%=	a = a % b	a %= b	2.0	3

【指令練習】

```
>>> a=5
>>> b=3
>>> a+=b  # a=a+b
>>> a
8
>>> a-=b  # a=a-b
>>> a
5
>>> a*=b  # a=a*b
>>> a
15
>>> a/=b  # a=a/b
>>> a
5.0
>>> a%=b  # a=a%b
>>> a
2.0
```

6-2 字串運算子

下表為 Python 字符串運算子實例，先設 a = "Hello"，b = "Python"

操作符	描述	實例
+	字符串連接	`>>>a + b ='HelloPython'`
*	重複輸出字符串	`>>>a * 2 ='HelloHello'`
[]	透過索引獲取字符串中字符	`>>>a [ 1 ]='e'`

操作符	描述	實例
[:]	擷取字符串中的一部分	>>>a [1 : 4]='ell'
In	成員運算符-如果字符串中包含給定的字符返回 True	>>>"H" in a = True
not in	成員運算符-如果字符串中不包含給定的字符返回 True	>>>"M" not in a = True

r/R	原始字符串-原始字符串：所有的字符串都是直接按照字面的意思來使用，沒有轉譯特殊或不能印出的字符
	右例沒有 r 時 \\ 印出 \
		>>> print(r'c:\\workspace')
		c:\\workspace
		
		>>> print('c:\\workspace')
		c:\ workspace

%	格式字符串	請看下一章節

【指令練習】

```
>>> s = "Hello Jerome"        # 設定 s 字串
>>> print(s)                  # 印出 s 字串
Hello Jerome
>>> print(s[0])               # s 字串的第 0 個字
H
>>> print(s[1])               # s 字串的第 1 個字
e
>>> a=123                     # 設定 a 數值
>>> b='566'                   # 設定 b 字串
>>> a+int(b)                  # 數值 + 數值，字串必須先轉數值

689
>>> str(a)+b                  # 字串 + 字串，數值必須先轉字串
'123566'
>>> c=str(a)+b                # c 字串 = '123' + '566'
>>> c
'123566'
>>> c[3:5]                    # 印出 c 字串的第 3~4 個字
'56'
>>>
```

更換字元的方法：

【程式範例】

```
# 更換字元的方法，用前後字串相加而成
# 如果要將第三個字元'3'換成'A'
```

```
a='12345'
for i in range(0,5):
    print(i)

print(a[1:3])
b=a[0:2]+'A'+a[3:5]
print(b)
```

【執行結果】

```
0
1
2
3
4
23
12A45
```

6-3 比較運算子

比較運算用以判斷二筆資料或運算結果是否相同，以及比對大小等等。比較運算可以比較常數、變數或運算式，例如：x <y 或 y >= 5。比較後的結果就是邏輯值的真（True）或假（ False），一般而言，真=1（非 0 就是真）；假=0。

下表為比較運算的意義說明：

運算	意義
<	小於
>	大於
==	等於
<=	小於或等於
>=	大於或等於
! =	不等

【指令練習】

```
>>> a=True          # 此處 a 被視為 1
>>> b=False         # 此處 b 被視為 0
>>> if (a) :
    print("a 是真")
```

```
(印出) a 是真
>>> print (a<5)  # 此處 a 被視為 1
True
>>> print(a>5)
False
>>> print(a==5)
False
>>> print(a!=3)
True
>>> c= ( 5>3)
>>> if c :
    print("c 是真")
(印出) c 是真
>>> if (2):
    print("2 是真")
(印出) 2 是真
>>> if (0):          # 布林值「真」和「假」都屬於整數類別(非 0 就是真)
        print("0 是真")
(沒印，所以 0 是假)
>>> list1 = [1,2,3] # list1 中有三個元素: 1、2、3
>>> list2 = [1,2,3] # list2 中有三個元素: 1、2、3

>>> list1=list2     # 這一行是設定
>>> list1==list2    # 這一行是判斷式
(印出)True
```

6-4 邏輯運算

邏輯運算（布林運算）就是大家熟知的：and、or、not。

下表為邏輯運算的意義說明：

運算	意義
x and y	要 x 和 y 都是真，則傳回真
x or y	若 x 或 y 有一為真，則傳回真
not x	若 x 為假，則傳回真； 若 x 為真，則傳回假

在布林邏輯系統中，所有運算符都能以這種方式明確的定義。T=1 (非 0 即真)，F=0

not 運算真值表如下：

運算	not
not T	F
not F	T

and 運算真值表如下：

and 運算	
T and T	T
T and F	F
F and T	F
F and F	F

or 運算真值表如下：

or 運算	
T or T	T
T or F	T
F or T	T
F or F	F

【指令練習】

```
>>> a=True; b=False
>>> a and b
(印出)False
>>> a and ( not b)
(印出)True
>>> a or b
(印出)True
>>> not a
(印出)False
```

6-5 位元運算子

位元運算針對資料數值的內含值轉換成二進位，再將每個位元進行布林運算，如下進行三個位元運算：

6.5.1 位元運算 & |

如果　　a=8，b=13，則 a & b = 8

二進位　a= 1000 ，b= 1101 ，a & b= 1000（a、b 執行 and 運算）

（運算如下：每個位元進行 & 運算(即 and)，必須要兩者皆 1 才會得到 1）

```
   1000
&  1101
----------
   1000
```

如果 a=8，b=13，則 a | b =13（a、b 執行 or 運算）

（運算如下：每個位元進行 | 運算(即 or)，如果 a、b 兩者中有一為 1 就會得到 1）

```
   1000
|  1101
-------------
   1101
```

6.5.2 位元左移運算 <<

11 << 2 就是 11 的二進位是 00001011，向左移 2 位，右邊補 2 個 0，變成 00101100 = 十進位等於 44。

```
>>> 11 <<2
44
```

6.5.3 位元補數運算 ~

a=5，~a 變成 -6，5 的二進位=0101，

0101 NOT 運算完之後變 1010，

1010 的最高位元是 1，若以帶號整數看它，便是負數。

當以帶正負號的規則去看整數時，有兩種情況：

1. 最高位元是 0，係正數，直接取其值。如 0011，直接取值是 3 。
2. 最高位元是 1，係負數，要用二的補數取其值：

```
取其二的補數，本例 1010 其二的補數 0101+1=0110 加負號變成 -6
```

下表為位元運算的意義說明：

運算	意義
&	AND 位元(且)運算
^	XOR 位元(互斥或)運算
|	OR 位元(或)運算
x << y	向左位移運算，x 往左移 y 個位元
x >> y	向右位移運算，x 往右移 y 個位元
~	補數運算

【指令練習】

```
>>> a=8;b=13
>>> a&b
(印出)8
>>> a|b
(印出)13
>>> 11<<2          # 1011 左移二位 = 101100
(印出)44
>>> a=5
>>> ~a             # 位元補數運算
(印出)-6
```

6-6 其他運算的意義

除了算術運算子、比較運算子、布林運算子，位元運算子等四種，還有其他必須要了解的運算。

下表為其他運算的意義說明：

運算名稱	運算符號	意義
引號	``	把包在 `` 裡的物件轉成字串
指定	=	變數設定值
逗號	,	分隔變數（或資料）的元素
分號	;	分隔運算式
點號	.	名稱限定用法
小括弧	()	括弧中置函數的引數
中括弧	[]	括弧中置串列的元素
大括弧	{}	括弧中置辭典的元素
冒號	:	用於切開運算或辭典之元素

【指令練習】

```
>>> a='12345'
>>> a
(印出)'12345'
>>> b=3
>>> b
```

```
(印出)3
>>> print(a,b)
(印出)12345 3
>>> c=12;d=c+2
>>> c,d
(印出) (12, 14)
>>> import math
>>> math.sqrt(9)
(印出)3.0
>>> list1=[32,17,7,45,21,9]
>>> print( sorted(list1))        # 由小到大排序
(印出) [7, 9, 17, 21, 32, 45]
```

運算子運算的優先順序如下：(先由左至右，再依運算的優先順序執行運算)

<table>
<tr><th>運算子</th><th>優先順序</th></tr>
<tr><td>**</td><td>指數（最高優先順序）</td></tr>
<tr><td>*, /, %, //</td><td>乘、除、取模和取整除</td></tr>
<tr><td>+, -</td><td>加法減法</td></tr>
<tr><td>>>, <<</td><td>位元右移，左移運算子</td></tr>
<tr><td>&</td><td>位元（且）and 運算</td></tr>
<tr><td>^, |</td><td>位元（或）or 運算</td></tr>
<tr><td><=, < >, >=</td><td>比較運算子</td></tr>
<tr><td><>, ==, ! =</td><td>等於、不等於運算子</td></tr>
<tr><td>=, %=, /=, //=, -=, +=, *=, **=</td><td>賦值運算子 (複合運算)</td></tr>
<tr><td>is, is not</td><td>身分運算子</td></tr>
<tr><td>in, not in</td><td>成員運算子</td></tr>
<tr><td>not, or, and</td><td>邏輯運算子，and 可以用來找小數，or 可以用來找大數</td></tr>
</table>

【指令練習】

```
>>> a = 20 ; b = 10 ; c = 15 ; d = 5
>>> e = (a + b) * c / d
>>> print ( e )
90.0
>>> e = (a + b * c) / d
>>> print ( e )
```

```
34.0
>>> e = a + b * ( c / d)
>>> print ( e )
50.0
>>> st='jerome'
>>> 'e' in st
True
>>> 'k' in st
False
>>> st is 'jerome'
True
>>> not a  # a=20
False
>>> 18 & 7                    # and 位元運算
2
>>> 18 | 7                    # or 位元運算
23
>>> 18 and 7                  # 找小數
7
>>> 18 or 7                   # 找大數

18
```

6-7 習題

一、選擇題

(　) 1. 若 n=584，執行下列敘述後，下列何者正確？

`a=n%10; n/=10; b=n%10; c=n/10`

(A) a=4　　(B) b=8

(C) c=5　　(D) n=5

(　) 2. 執行下列敘述後，y 值為何？

`int a=2; float b=0.6; y=a+b`

(A) 2　　(B) 2.6

(C) 語法錯誤　　(D) 編譯錯誤

(　) 3. 請問運算式「150+200」中，哪一個是運算子？

(A)「+」　　(B)「150」

(C)「150+200」　　(D)「200」

( ) 4. 執行下列敘述後，y 值為何？

```
int i=10; i += 1.34
```

(A) 1.34　(B) 11

(C) 11.34　(D) 語法錯誤

( ) 5. 下列程式執行後，變數 j 的內容為何？

```
i=2;  j=3; j += 1;  j *= i
```

(A) 8　(B) 6

(C) 24　(D) 10

二、實作題

1. 國外長度單位常使用英制單位，例如身高常使用英呎和英吋表示，1 英呎=12 英吋，1 英吋=2.54 公分。請寫一程式能輸入英呎和英吋，輸出對應的公分；或輸入公分，輸出對應的英呎和英吋。

2. 假設個人綜合所得稅係採用累進課稅方式，稅率如下，請寫一程式輸入某人的所得，然後計算應繳之稅款。

   所得 30 萬以內課 6%

   所得 30 ～ 80 萬課 13%

   所得 80 ～ 150 萬課 21%

   所得 150 ～300 萬課 30%

   所得 300 萬以上課 40%

指令

莎士比亞用了 26 個英文字母寫出了曠世鉅作，電腦程式語言的關鍵字彙更少，嚴格說來電腦的邏輯架構中存在的運算只有三種：設定、判斷和迴圈。所有電腦語言應該都只有這三種運算指令，能徹底了解和活用這三個指令，就已經學會電腦程式語言的一半，其他還要學習的就是：數（常數和變數）、運算（數值、字串、關係、邏輯）、函數（內建函數和自訂函數）、容器（串列、元組、集合、字典）。函數類似數學中的對應函數，例如有一個函數 y 的值是由參數 x 的數值來決定 y=f(x)，「容器」是有次序性的變數，就是其他語言所稱的陣列（Array）。

7-1 設定 / 運算

7.1.1 設定數值

對初學者來講，學習電腦程式語言的第一個指令就是設定（set），其實設定這一行就是運算式，例如：

```
a=6
b=5
c=a/b
```

上面這 3 行就是設定指令，意思是把等號右邊的值傳到左邊的變數，設定也可以是

```
a=a+1
```

這一行對學過數學的人會覺得不可思議，因為沒有一個數在加 1 之後，還會等於原來的數，所以它的真正意義是把 a 的數值加 1 之後，再存入變數 a 裡面。如果 a 的值原來是 6，加 1 之後就變成 7，所以印出來的變數 a 數值便是 7。

```
print(a)
```

上面這 5 行可以在進入 Python,org 的解譯器之後一行一行輸入就可以得到結果。

在寫電腦運算式的時候，其實和學習數學的規則相同，括號裡面的數值要優先運算，還有先乘除後加減的優先順序。

```
n=(10/2+(3*5+3))-3
```

這一行運算式會印出 n 等於 20，等號的左邊一定是變數，等號的右邊可以是變數或是運算式。

下面還有 4 組簡單的算術運算，各位可在 Python Shell 練習並觀察列印的結果。

```
-------------
a=3
b=2
print(a-b)
print(a*b)
--------------
a=7
b=4
print(a % b )
print(a // b)
---------------
a = 2
b = 3
print(a ** b)
a = 9
b = 0.5
print(a ** b)
---------------
a = 100
b = 9
print(a // b)
a = 24.5
b = 7.2
print(a // b)
---------------
```

這裡僅用算術運算提供各位做簡單的練習，單元練習列出各種不同運算（例如：算術運算、位元運算、比較運算、指派運算、位元指派運算等），請各位分別操作練習。

7.1.2 交換數值

一般電腦在交換數值時，例如 a=6，b=5 兩個數值要交換一般指令是用：

```
t=a ; a=b ;b=t
```

Python 很特殊，可以用這種方法交換：

```
a,b =b,a
```

【指令練習】

```
>>>a=5
>>>b=10
>>>a,b=b,a
>>>a,b
(印出)10 5
```

7-2 判斷 / 決策

7.2.1 if 判斷

這個語法就是當條件式成立時（真），則執行陳述句一，要不然就執行陳述句二；如果條件式不成立，並且不想做任何事，則 else 可以省略。

【指令格式】

if(判別式)：

```
程式區塊
```

elif(判別式)：

```
程式區塊
```

else：

程式區塊

if 判斷語句是透過一條或多條語句的執行結果（真（True）或者假（False））來決定執行的路徑。可以透過下圖來了解判斷語句的執行過程：

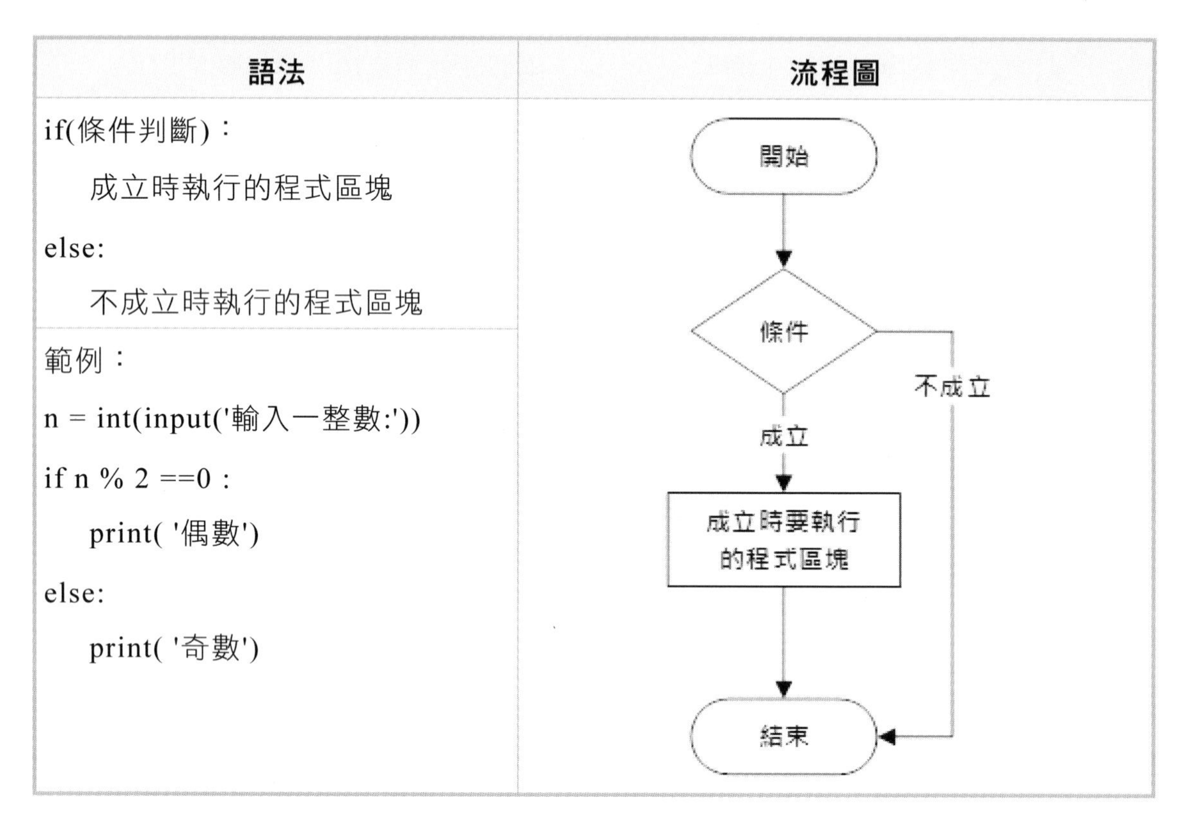

語法	流程圖

if(條件判斷)：
　成立時執行的程式區塊
else:
　不成立時執行的程式區塊	

範例： n = int(input('輸入一整數:')) if n % 2 ==0 : 　print('偶數') else: 　print('奇數')	

7.2.2 if 範例

程式區塊縮排：上面的語法「if (判斷式):」下一行必須內縮四個空白，也就是在 print 的前面要有四個空白。

其間也可以加入多層 elif，下面是有二個 elif 的例子：

【程式範例】

```
x=int(input('x=') )    # 使用者輸人
if x<0 :
    print('成績小於零')
elif  x>100 :
```

```
    print('成績大於 100')
elif x<60:
    print('成績不及格')
else:
    print('成績及格')
```

【執行結果】

```
程式執行時輸入 80 結果:
x=80
成績及格
```

7-3 迴圈 / 重複

7.3.1 for 迴圈

【指令格式】

for 變數 in range(起始值, 結束值, 增值)：

程式區塊

格式中 range 是一個數列，可以用循環方式印出級數數列。

【程式範例】

```
r=range(1,11,2)
print(r)
print(type(r))

for i in r:
    print(i,end='')
```

【執行結果】

```
range(1, 11, 2)
<class 'range'>
1 3 5 7 9
```

for 指令的最基本練習：

【程式範例】

```
for i in range(1,10):
```

```
    print(i, end='')
print()

for i in range(1,10): print(i,end=' ')     # 這二行可以寫成一行
```

【執行結果】

```
123456789
```

1 2 3 4 5 6 7 8 9 【程式範例】

```
>>> for i in range( 10,1,-3):
        print(i,end=' ')
```

【執行結果】

```
10 7 4
```

for 迴圈格式說明：

for 語法	流程圖
for 引數 in range(起值, 結值, 增值) (程式區塊)	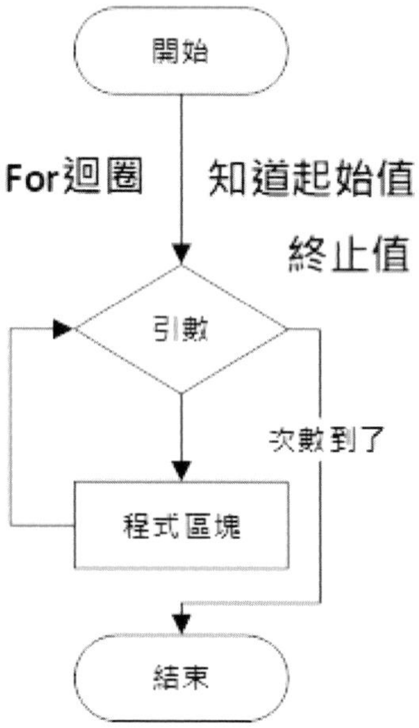 開始 For迴圈 知道起始值 終止值 引數 次數到了 程式區塊 結束

範例一、使用 range 數列
for i in range(1,11,2):
print(i)
範例二、使用 list 串列
w = ['Sun' , 'Mon' , 'Tue' , 'Wed' , \\
'Thu' , 'Fri' , 'Sat']
for days in w:
print (days)
範例三、使用 string 字串
for letter in 'Python':
print (letter)	

Python 的 for 迴圈還有一個異於其他語言的特殊用法，那就是可以使用關鍵字「else」。下例是「找質數」：

【程式範例】

```
# 找 1 ~ 100 所有的質數
for num in range(2,100):
    for i in range(2, num):
        if num % i == 0:
            break
    else:
        print ( num, end=' ')
```

【執行結果】

```
2 3 5 7 11 13 17 19 23 29 31 37 41 43 47 53 59 61 67 71 73 79 83 89 97
```

7.3.2 while 迴圈指令

不知道會執行幾次的迴圈程式就適合用 while 指令。

【指令格式】

while(判斷式)：

程式區塊

<table>
<tr><th>while 語法</th><th>流程圖</th></tr>
<tr><td>引數=起始值
While (引數條件):
　　(程式區塊)</td><td rowspan="2"> 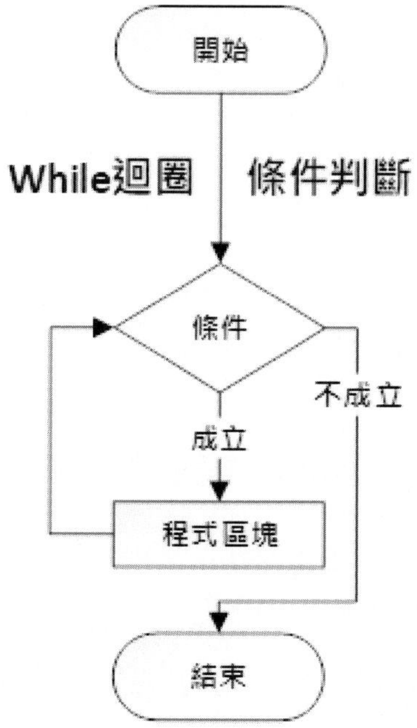開始
While迴圈　條件判斷
條件
成立
不成立
程式區塊
結束</td></tr>
<tr><td>範例：
c = 1
while (c < 11):
　　print (c)
　　c = c + 2</td></tr>
</table>

【程式範例】sum-100.py

```
sum = 0
i = 1
while i <= 100:
     sum += I
     i += 1

print("1 + 2 + ... + 99 + 100 =", sum)
```

【執行結果】

```
1 + 2 + 3 + ... + 98 + 99 + 100 = 5050
```

【程式範例】guess-num-1.py

```
練習猜數字遊戲
-----------------------------------------------------------

c=0
guess=0
n=38
while (guess != n):
     guess=int(input('請輸入 (1~100)？'))
     c=c+1
     print( '你已經猜了:',c,'次')
```

【執行結果】

```
請輸入 (1~100)？12
你已經猜了: 1 次
請輸入 (1~100)？23
你已經猜了: 2 次
請輸入 (1~100)？38
你已經猜了: 3 次
```

在 while 迴圈中可以利用 break 或 continue 來控制迴圈執行的指令流向！

7.3.3 break 敘述使用時機

在迴圈（不論是 for 迴圈或 while 迴圈）執行時，通常要把「要重複的敘述群」執行完一遍之後，再去檢視迴圈「條件式」是否成立。如果需要臨時強迫離開迴圈，也就是中止還沒執行完的敘述，可以使用 break 敘述直接離開迴圈（不管條件式成立或不成立）。

```
while (判別式) :
    if  (判別式) :
        Break ──┐
    其他程式區塊   │
其他程式區塊 <────┘
```

【程式範例】Prime-break.py

```
for n in range(2, 10):
    for x in range(2, n):
        if n % x == 0:
            print(n, '=', x, '*', n//x)
            break
    else:   # 如果 for 迴圈都沒有執行，然後就跳 else 執行
        print(n, '是質數')
```

【執行結果】

```
2 是質數
3 是質數
4 = 2 * 2
5 是質數
6 = 2 * 3
7 是質數
8 = 2 * 4
9 = 3 * 3
```

7.3.4 continue 敘述使用時機

在某些時候如果需要暫停「本次」迴圈，也就是中止還沒執行完的敘述，要重新檢視迴圈的「條件式」並重新執行迴圈時，就可以使用 continue 敘述，此敘述要搭配 if 敘述使用。

```
while (判別式) : <──┐
    if  (判別式) :   │
        continue ──┘
    其他程式區塊
其他程式區塊
```

【程式範例】Even-Odd-continue.py

```
for num in range(2, 10):
    if num % 2 == 0:
        print(num,"是偶數")
        continue
    print(num , "...是奇數")
```

【執行結果】

```
2 是偶數
3 ...是奇數
4 是偶數
5 ...是奇數
6 是偶數
7 ...是奇數
8 是偶數
9 ...是奇數
```

7-4 習題

一、選擇題

(　) 1. 若要印出九九乘法表，則較適合使用何種結構，能使程式碼精簡且正確？

(A) 單一 for 迴圈　(B) if 條件分支

(C) while 迴圈　(D) 巢狀 for 迴圈

(　) 2. 執行下列程式後，total 變數之輸出為？

```
total=0
for i in range(11):
    if (i%2):
        continue
    total=total + i

print("total=",total)
```

(A) 0　(B) 10　(C) 30　(D) 55

(　) 3. 需精確控制執行次數時，用下列何者迴圈較為適當？

(A) for　(B) while　(C) break　(D) continue

(　) 4. 執行下列程式，其輸出為？

```
i=0
while (i<5):
    print("%d" %i)
    i += 2
```

(A) 0　(B) 0 2 4　(C) 1 3 5　(D) 0 1 2 3 4 5

(　) 5. 若不小心寫出了無窮迴圈，則可以按下列何者強迫程式停止執行？

(A) Ctrl+C　(B) Ctrl+V　(C) Shift+C　(D) Shift+C

二、實作題

1. 任意輸入 10 個數（數字需控制在 0 ~ 100 之間），(a) 依照輸入順序依序印出、(b) 依照輸入順序反序印出、(c) 列出比平均數高的所有數值、(d) 請將此數由大到小依序列出（用選擇或氣泡排序法）、(e) 數列中第三大的數值是第幾個輸入的數呢？

2. 凱撒密文：「凱撒密文」產生的方法，是將「明文」內的每一個英文字母，以其在英文字母排列順序中向後移動 n 個位置的字母取代之，若向後移動 n 個位置之後已超出 Z 的位置，則繞到最前面 A 的位置繼續往下對應。例如 n=6 時，字母取代的方式為 A 用 G 取代、B 用 H 取代、 Z 用 F 取代。請寫一程式由鍵盤輸入一字串（均為大寫英文字母）及一整數 n (0 <= n < 10)，然後以 n 位位移的凱撒加密法將明文加密後輸出密文。

函數

各位學習英文作文的時候，都必須知道英文有 26 個字母，英文作文就是要用這 26 個字母去組合文字，創造句子，習作文章。學習電腦程式語言其實比學英文還簡單，因為電腦的程式語言嚴格說來只有：**設定（運算）**、**判別**、**迴圈**等三個指令。電腦語言系統在發展的時候不管是內定函數，或者是自訂函數，也都是從這三個基本指令撰寫發展而成。函數就像學中文或英文的成語，各位要寫好程式務必要學習函數的運用和撰寫。會善用函數撰寫程式的人，可以讓程式精簡易懂，甚至可以提高效能，這一個章節是學習程式語言重要的單元。

函數本身是一種數學關係，若 y 是 x 的函數，意指對於每一個 x 值，都恰有一個 y 值與它對應，例如 $y = f(x)$，其中 x 稱為自變數，y 稱為應變數。

函數的格式：**function(引數 1,引數 2, …)**

如果呼叫 function 函數，系統就會去找程式中定義的 def function(m,n) 函數，經過運算以後，運算結果的數會存在 function 的函數名稱中，傳回到主程式裡：

Python 直譯器中將函數分成三種函數：

1. **內定函數**：這些函數就寫在 Python 編輯器中，只要呼叫函數就會傳回函數對應的數值。
2. **自訂函數**：程式撰寫者因應程式中的需要，在主程式中所定義的函數，必須自己寫程式。
3. **外部函數**：有些函數雖然是常用，但是這些函數佔比較大的記憶體空間，有第三方寫好的函數就放在套件檔案中，需要時再導入套件，例如：先打 dir() 回應的參數名稱中沒有 math，當打入 import math 之後，回應的函數名稱中就有 math 模組名稱，math 模組提供了很多外部函數。

```
>>> dir()
>>> import math
>>> dir() 會看到math 模組已經被叫入
```

dir()函數不帶參數時，返回當前範圍內的變量、方法和定義的類型列表。

```
>>> dir()
['__annotations__', '__builtins__', '__doc__', '__loader__', '__name__',
'__package__', '__spec__']
```

>>> dir(__builtins__) 會列出所有：錯誤訊息和內定函數(試試看吧)，---為三個底線。

8-1 內定函數

Python 編輯器中內定函數如下表。

常用的函數記不住也沒有關係，知道有這些就可以，在 Python shell 下有格式說明，打 help(abs)會列示格式，很有用。要用的時候就到網路去搜尋即可。

1. 常用數值函數

函數	功能	函數參數範例	函數傳回值
abs(n)	取絕對值傳回整數	abs(-5)	5
bool(n)	將整數型轉換為布林值	bool(1)	True
divmod(n,m)	除法取餘數來，返回一個包含商和餘數的元組	divmod(9,2)	(4, 1)
float(n)	將數值轉換為浮點數	float(6)	6.0
math.floor(n) (外部函數)	要先 import math 傳回小於原數的整數	import math math.floor(3.14159)	3
hex(n)	傳回 16 進制整數	hex(15)	'0xf'
int(s)	傳回整數	int(4.7)	4
max(n1,n2,n3,…)	傳回參數的最大值	max(45,23,76)	76
min(n1,n2,n3,…)	傳回參數的最小值	min(45,23,76)	23
oct(n)	傳回 8 進制整數	oct(15)	'0o17'

函數	功能	函數參數範例	函數傳回值
pow(n,m)	算 n 的 m 次方	pow(2,3)	8
round(n)	傳回最接近原數的整數	round(8.9)	9
sorted(list)	list 小到大排序	sorted([2,8,5,3,1])	[1, 2, 3, 5, 8]
sorted(list)	list 大到小排序	sorted([2,8,5,3,1], reverse=1) 也可以寫成： reverse=True	[8, 5, 3, 2, 1]
sum(list)	list 算總和	sum([2,8,5,3,1])	19
type	返回數字對應的類別	type(3.5)	<class 'float'>

2. 常用字串函數 (下面函數名稱有一個點「.」的其實是物件)

函數	功能	函數參數範例	函數傳回值
chr(n)	傳回一個字符串（ASCII）	chr(65)	'A'
len(s)	傳回字串長度	len('jerome')	6
ord(s)	傳回其對應 ASCII 的整數值	ord('a')	97
center(n)	傳回指定長度的字串，字串置中	"Python".center(10)	' Python '
find(s)	傳回子串的第一次出現的索引	'WenJerome'.find('o')	6
endswith(s)	如果字符串以指定的字符結尾，則傳回 True	"Pythonis easy.".endswith('easy.')	True
str.lower(str)	全部傳回小寫	'JEROME'.lower()	'jerome'
str.upper(str)	全部傳回大寫	'python'.upper()	'PYTHON'
str(n)	傳回對應字串	str(65)	'65'
repr(obj)	傳回對應字元，輸出的字符帶有引號	repr('65')	"'65'"
str[m:n]	字串從串列 m 到 n 擷取子字串	h='abcdef' h[2:5]	'cde'
replace(s1,s2)	字串中的字元被替換為新的字元	"good".replace('o','e')	'geed'
str.count(char, start,end),	字串中字元的個數	'123412'.count('1')	2

函數	功能	函數參數範例	函數傳回值
str.ljust([char])	返回向左對齊字串，其餘補指定字元	'abc'.ljust(10,'0')	'abc0000000'
str.rjust([char])	返回向右對齊字串，其餘補指定字元	'abc'.rjust(10,'0')	'0000000abc'
str.strip()	刪除字符串前後的空白	'1 2 3'.strip()	'1 2 3'
str.rstrip([chars])	刪除字符串末尾的指定字符	"888abc888".rstrip('8')	'888abc'
str.split()	將字符串拆分為列表	"my name is Jerome".split()	['my', 'name', 'is', 'Jerome']

1. 數值和字元互換

   (1) 字元轉數值 n= int(str)

   (2) 數值轉字元 s= str(int)

2. ASCII 數和字互換

   (1) 數轉字 c= chr(int)

   (2) 字轉數 n= ord(char)

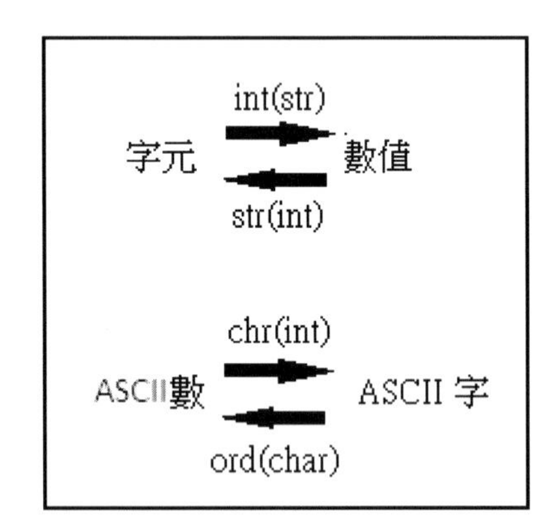

【指令練習】

```
>>> a=123
>>> b='456'
>>> print(a+int(b))
579
>>> print(str(a)+b)
123456
>>> print(chr(65))          # ASCII
A
>>> print(ord('A'))         # ASCII
65
>>>
```

【指令練習】

(1) 求絕對值 abs()

```
>>> abs(10)
10
>>> abs(-10)
10
>>> abs(-1.2)
1.2
>>>
```

(2) 四捨五入 round()

```
>>> round(1.234)
1.0
>>> round(1.234,2)
1.23
>>> # 如果不清楚函數的用法，可以使用 help 查詢特定指令資訊
>>> help(round)
Help on built-in function round in module builtins:
round(number, ndigits=None)
    Round a number to a given precision in decimal digits.
>>>
```

本書所附檔案中有二個檔案：＜字串函數.py＞和＜有趣字串函數練習.py＞，可以下載執行，進一步了解字串函數用法。

更換字串可能要用到下面的語法：

【練習範例】

```
# 在 python 中更換字元的方法，用前後字串相加而成
# 如果要將第三個字元'3'換成'A'
a='12345'
for i in range(0,5):
    print(i)

print(a[1:3])
b=a[0:2]+'A'+a[3:5]
print(b)
```

【執行結果】

```
0
1
2
3
```

```
4
23
12A45
```

查詢 python 所有內定函數的方法：

https://docs.python.org/3/library/functions.html

可以用

```
>>> dir()
>>> dir(__builtins__)
>>> help(pow) 函數的名稱 如:pow
```

8-2 自訂函數

下面有兩個自訂的函數：sum() 函數中有一個引數 n，呼叫函數時會自動計算 1 加到 N 的總和；fib() 函數會算出 1000 以內的費式數列。

```
>>> def ping():
        return 'Ping!'
>>> ping()
'Ping!'
>>> dir()    # 定義過的變數在 dir 裡面
['__annotations__', '__builtins__', '__doc__', '__loader__', '__name__',
'__package__', '__spec__', 'ping']
```

【程式範例】Sum-function.py

```
# 函數呼叫說明
def sum(n):           # 用 def 定義函數名稱 sum
    s=0
    for i in range(s,n+1):
        s=s+i
    return s          # 會把 s 送到 sum 再傳回主程式

print(sum(100))       # 在主程式中呼叫 sum()函數
```

【執行結果】

```
5050
```

【程式範例】Fib-function.py

```
# 函數印出費氏數列(執行函數)

def fib(n):
```

```
    a, b = 0, 1
    while a < n :
        print(a, end=' ')
        a, b = b, a+b
    print()

fib(1000) # 印出小於 1000 以前的費氏數
```

【執行結果】

```
0 1 1 2 3 5 8 13 21 34 55 233 377 610 987
```

用自訂函數嘗試計算半徑為 r 的圓面積和球體積的方法：

【程式範例】(函數算圓面積和球體積.py)

```
import math
def area(r):
    a=math.pi*r**2
    return a

def volume(r):
    v=(4.0/3.0)*math.pi * r**3
    return v

r=int(input('輸入半徑='))
print('半徑為','r ' ,'的圓面積為:', area(r))
print('半徑為','r ' ,'的球體積為:', volume(r))
```

【執行結果】

```
輸入半徑=1
半徑為 r  的圓面積為: 3.141592653589793
半徑為 r  的球體積為: 4.1887902047863905
```

上面的自訂函數只有單一個引數 r，現在舉一個例子，自訂函數可以有兩個引數，例如要算三角形的面積，底乘高除以二，如果 h=3,b=4 那麼這個三角形的面積就可以用兩個引數的函數來計算：

【程式範例](函數算三角形面積.py)

```
def triangle(b,h):
    return 0.5*b*h

b=3;h=4
print('三角形面積=',triangle(b,h))
```

【執行結果】

```
三角形面積= 6.0
```

8-3 外部函數（套件、模組）

Python 有許多標準內建函數，但還是有限的，所以利用模組（module），就是外部 import 函數協助複雜程式的開發。模組是 Python 的檔案，要用 import 指令導入到 Python 中引用其中的函數。Python 有許多模塊標準庫，其中包含一些模組，是安裝 Python 時必備的基本安裝。常用的模組有：

1. sys 模組：包含了跟 Python 解析器和環境相關的變數和函式。
2. math 模組：定義了標準的數學方法，例如 cos(x)、sin(x)等。
3. random 模組：提供各種方法用來產生隨機亂數。
4. array 陣列模組：類似 list，list 不同的是只能儲存相同型別的物件。
5. time 模組：提供各種時間相關的函式。常用的如 time.sleep()。
6. numpy 模組：主要用於資料處理上。numpy 底層以 C 語言作業，所以能快速操作多重維度的陣列。
7. this 模組：Pyhthon 禪學(>>>import this 會出現 原作者禪念)很有意思。

一、math 模組

math 是標準庫中的模組，所以不用安裝，可以直接使用。使用方法是用 import 就可以將 math 模組引用過來。

```
>>> math.pi
Traceback (most recent call last):
  File "<pyshell#5>", line 1, in <module>
    math.pi
NameError: name 'math' is not defined
>>> import math
>>> math.pi
3.141592653589793
>>> dir(math)
['__doc__', '__loader__', '__name__', '__package__', '__spec__', 'acos', 'acosh',
'asin', 'asinh', 'atan', 'atan2', 'atanh', 'ceil', 'copysign', 'cos', 'cosh',
'degrees', 'e', 'erf', 'erfc', 'exp', 'expm1', 'fabs', 'factorial', 'floor',
'fmod', 'frexp', 'fsum', 'gamma', 'gcd', 'hypot', 'inf', 'isclose', 'isfinite',
'isinf', 'isnan', 'ldexp', 'lgamma', 'log', 'log10', 'log1p', 'log2', 'modf',
'nan', 'pi', 'pow', 'radians', 'remainder', 'sin', 'sinh', 'sqrt', 'tan', 'tanh',
'tau', 'trunc']
>>> help(math.pow)
Help on built-in function pow in module math:
```

```
pow(x, y, /)
    Return x**y (x to the power of y).

>>> 4**2
16
>>> math.pow(4,2)
16.0
>>> 4^2    # ^ 代表 位元 XOR 互斥或 位元運算 0100 ^ 0010
6
>>> 5^4    # ^ 代表 位元 XOR 互斥或 位元運算 0101 ^ 0100
1
>>> math.sqrt(16)
4.0
>>> math.floor(3.14)
3
>>> abs(-2)
2
>>> math.fabs(-2)
2.0
>>> math.fmod(5,3)
2.0
>>> 5%3
2
>>>
>>> import math
>>> math.pi
3.141592653589793
>>>
```

用 import 就將 math 模組引用過來了，下面就可以使用這個模組提供的工具。比如，要得到圓周率：

```
>>> math.pi
3.141592653589793
```

這個模組都能做哪些事情呢？可以用下面的方法看到：

```
>>> import math
>>> dir(math)    # 列出 math 中所有的函數
['__doc__', '__name__', '__package__', 'acos', 'acosh', 'asin', 'asinh', 'atan',
'atan2', 'atanh', 'ceil', 'copysign', 'cos', 'cosh', 'degrees', 'e', 'erf', 'erfc',
'exp', 'expm1', 'fabs', 'factorial', 'floor', 'fmod', 'frexp', 'fsum', 'gamma',
'hypot', 'isinf', 'isnan', 'ldexp', 'lgamma', 'log', 'log10', 'log1p', 'modf',
'pi', 'pow', 'radians', 'sin', 'sinh', 'sqrt', 'tan', 'tanh', 'trunc']
```

dir(module)是一個非常有用的指令，可以透過它檢視任何模組中所包含的函數。從上面的列表中就可以看出，在 math 模組中，可以計算正 sin(a)、cos(a)、 sqrt(a)……，這些稱之為函數，也就是在模組 math 中提供了各類計算的函數，比如計算乘方，可以使用 pow 函數。怎麼用呢？Python 提供了一個命令 help ，可以檢視每個函數的使用方法。

```
>>> help(math.pow)
```

在互動模式下輸入上面的指令，然後回車（Carriage Return），可以看到下面的資訊：

```
Help on built-in function pow in module math:
pow(...)
pow(x, y)
Return x**y (x to the power of y).
```

這裡展示了 math 模組中的 pow 函數的使用方法和相關說明：

1. 第一行，表示這裡是 math 模組的內建函數 pow 幫助資訊（所謂 built-in，稱之為內建函數，意即這個函數是 Python 預設就有的）。
2. 第三行，表示這個函數的引數，有兩個，也是函數的呼叫方式。
3. 第四行，是對函數的說明，返回 x**y 的結果，並且在後面解釋了 x**y 的含意。
4. 最後，按 q 鍵返回到 Python 互動模式。

從上面看到了一個額外的資訊，就是 pow 函數和 x**y 是等效的，都是計算 x 的 y 次方。

```
>>> 4**2
16
>>> math.pow(4,2)
16.0
>>> 4*2
8
>>>
```

特別注意，4**2 和 4*2 是有很大區別的。

用類似的方法，可以檢視 math 模組中的任何一個函數的使用方法。

關於「函數」的問題，在這裡不做深入闡述，且按照自己在數學中所學到去理解。後面會有專門研究函數的章節。

下面是幾個常用的 math 模組中函數範例，可以自行練習對比。

```
>>> math.sqrt(9)
3.0
>>> math.floor(3.14)
3.0
>>> math.floor(3.92)
3.0
>>> math.fabs(-2)   # 等於 abs(-2)
2.0
>>> abs(-2)
2
>>> math.fmod(5,3)  # 等於 5%3
2.0
>>> 5%3
2
>>>
```

二、亂數模組 random()

一個外部函數叫做亂數 random()的模組，能夠隨機產生使用者鎖定一範圍之內的亂數，呼叫方法很簡單，相關函數如下：

1. 初始化亂數種子，讓每次執行不會產生同樣的亂數

random.seed()

2. 整數亂數產生

random.randrange(start, stop[, step])

3. 產生一個亂數整數　N (a <= N <= b)

random.randint(a, b)

4. 從 list　中亂數回傳一個元素

random.choice(list)

5. 從 population 的 list 中亂數回傳 k 個元素，此為非重複抽樣

random.sample(population, k)

6. 重複抽樣和不重複抽樣

Sampling with replacement（重複抽樣）：抽出元素會放回總體。接著重新抽取，有機會抽取到相同的元素。

Sampling without replacement（不重複抽樣）：抽出元素後，不會放回該元素，不會再次抽到已抽到的元素。

【指令練習】

```
>>> import random                    # 導入 random 套件
>>> random.seed(10)                  # 改變隨機數產生器的種子
>>> random.randint(1, 100)           # 隨機產生 1~100 間的整數
46
>>> random.randrange(10, 50)         # 從 10-50 中挑選出一個亂數
34
>>> random.uniform(1, 10)            # 從 1-10 中產生一個實數亂數
5.544856261880129
>>> random.random()                  # 從 0-1 中產生一個實數亂數
0.9593674162596585
>>> random.uniform(1, 10)            # 隨機正浮點數
2.059362173532043
>>> random.choice('abcdefg&#%^*f')          # 隨機字元
'b'
>>> a = [1,2,3,4,5,6,7,8,9,10,11,12,13,14,15,16,17,18,19,20]
>>> random.sample(a,5)                      # 從 list a 中取出 5 個不重複的亂數
[19, 2, 14, 16, 1]

>>> dir(random)
>>> help(random)
```

【延伸思考】如何產生一組 10 個 1~100 之間有重複的亂數？

三、日期時間

Python 有一個很有用的模組：日期 / 時間（datetime），datetime 模組提供日期和時間的函數，方便日期和時間計算，要有效的運用須了解屬性和輸出格式，timedelta 模組表示持續時間，以及兩個日期或時間之間的差。

【指令練習】

```
>>> import time
>>> localtime = time.localtime(time.time())
>>> print ("本地時間 :", localtime)
```

```
本地時間 : time.struct_time(tm_year=2018, tm_mon=11, tm_mday=24, tm_hour=11,
tm_min=41, tm_sec=43, tm_wday=5, tm_yday=328, tm_isdst=0)
>>> from datetime import date
>>> today = date.today()
>>> today
datetime.date(2018, 11, 24)
>>> my_birthday = date(2000,1, 1)
>>> my_birthday
datetime.date(2000, 1, 1)
>>> days=abs(my_birthday-today)
>>> print(days)
6902 days, 0:00:00
>>>
```

使用 datetime 物件的範例如下：

【指令練習】

```
>>> from datetime import datetime, date, time
>>> d = date(2000, 1, 1)
>>> t = time(12, 30)
>>> datetime.combine(d, t)
datetime.datetime(2000, 1, 1, 12, 30)
>>> datetime.now()
datetime.datetime(2018, 11, 24, 11, 54, 57, 676383)
>>> # Using datetime.strptime()
>>> from datetime import datetime, date, time
>>> # Using datetime.combine()
>>> d = date(2018, 11, 24)
>>> t = time(12, 30)
>>> datetime.combine(d, t)
datetime.datetime(2018, 11, 24, 12, 30)
>>> # Using datetime.now() or datetime.utcnow()
>>> datetime.now()
datetime.datetime(2018, 11, 24, 11, 58, 8, 537065)
>>>  # Using datetime.strptime()
>>> dt = datetime.strptime("24/11/18 12:30", "%d/%m/%y %H:%M")
>>> dt
datetime.datetime(2018, 11, 24, 12, 30)
>>> # Using datetime.timetuple() to get tuple of all attributes
>>> tt = dt.timetuple()
>>> for it in tt:
...    print(it)
...
2018    # year
11      # month
24      # day
12      # hour
30      # minute
0       # second
5       # weekday (0 = Monday)
328     # number of days since 1st January
-1      # dst - method tzinfo.dst() returned None
>>>
```

下面範例是一個有趣的練習，執行本程式有助於了解時間日期 -datetime 的運用。

【程式範例】時間日期 -datetime.py

```
import time;          # 引入 time 模組
localtime = time.localtime(time.time())
print ("本地時間: :", localtime)

# 格式化成 2018-11-24 11:28:31 格式
print (time.strftime("%Y-%m-%d %H:%M:%S", time.localtime()) )
# 格式化成 Sat Nov 24 11:28:31 2018 格式
print (time.strftime("%a %b %d %H:%M:%S %Y", time.localtime()) )
# 將格式字符串轉換為時間戳，這種格式目前少用
a = "Sat Nov 24 11:30:06 2018"
print (time.mktime(time.strptime(a,"%a %b %d %H:%M:%S %Y")))

import calendar       # 引入 calendar 模組
 cal = calendar.month(2019, 1)
print ("以下輸出 2019 年 1 月份的日曆:")
print ( cal )

import datetime        # 引入 datetime 模組
i = datetime.datetime.now()
print ("當前的日期和時間是 %s" % i)
print ("ISO 格式的日期和時間是 %s" % i.isoformat() )
print ("當前的年份是 %s" %i.year)
print ("當前的月份是 %s" %i.month)
print ("當前的日期是 %s" %i.day)
print ("dd/mm/yyyy 格式是 %s/%s/%s" % (i.day, i.month, i.year) )
print ("當前小時是 %s" %i.hour)
print ("當前分鐘是 %s" %i.minute)
print ("當前秒是 %s" %i.second)
```

【執行結果】

```
本地時間: : time.struct_time(tm_year=2018, tm_mon=11, tm_mday=24, tm_hour=12,
tm_min=26, tm_sec=28, tm_wday=5, tm_yday=328, tm_isdst=0)
2018-11-24 12:26:28
Sat Nov 24 12:26:28 2018
1543030206.0
以下輸出 2019 年 1 月份的日曆:
    January 2019
Mo Tu We Th Fr Sa Su
    1  2  3  4  5  6
 7  8  9 10 11 12 13
14 15 16 17 18 19 20
21 22 23 24 25 26 27
28 29 30 31

當前的日期和時間是 2018-11-24 12:26:28.548110
```

```
ISO 格式的日期和時間是 2018-11-24T12:26:28.548110
當前的年份是 2018
當前的月份是 11
當前的日期是 24
dd/mm/yyyy 格式是 24/11/2018
當前小時是 12
當前分鐘是 26
當前秒是 28
```

8-4 程序

程序（procedure）和函數（function）之間的差別，函數就像數學的一對一函數 y=f(x)=ax+b，y 的值會隨著 x 的改變而改變，在程式中 f(x) 就是函數，x 是引數（argument）會被帶到函數中運算，把結果放到函數名字中帶回。程序可以沒有引數，就是在程式中做一運算或動作，由於這個運算必須在程式中執行多次，所以把它定義成程序需要時再呼叫使用。

【程式範例-1】timer.py

```
import time
def procedure():
    time.sleep(2.5)

# time.clock
t0 = time.clock()
procedure()
print (time.clock() - t0)

# time.time
t0 = time.time()
procedure()       # 這裡呼叫副程式暫停 2.5 秒
print (time.time() - t0)
```

【程式範例-2】

```
def procedure():
    print('這是程序')
    a = 10+20
    print(a)

# 呼叫程序
procedure()
```

8-5 區域變數和全域變數

Python 中變數無需宣告就可以直接使用，並可以指定任何型態數值，這也是 Python 最大特色，變數在指定值給變數時建立該變數，經常需在主程式和副程式間傳遞。變數分全域變數和區域變數：

1. **全域變數（Global Variable）**：在主程式中或函式以外的區域建立的變數都是全域變數。
2. **區域變數（Local Variable）**：在函式中建立的變數都是區域變數，在函數中若要用到全域變數，要在函式中使用「global」定義這個變數是全域變數。

以下列示全域變數和區域變數的用法。

一、區域變數：定義全域變數的串列

【範例程式】全域變數-0.py

```
alist=[1,2,3,4,]

def runvar( alist=alist):
    print(alist)
    alist.append(5)

runvar()
print(alist)
```

【執行結果】

```
[1, 2, 3, 4]
[1, 2, 3, 4, 5]
```

二、全域變數：變數交替使用

【範例程式】全域變數-1.py

```
x = 10              # 全域變數
y = 20              # 全域變數
lista=[]            # 全域變數

def showvar():
    global y,lista  # 定義全域變數
    listb=[5,4,3,2,1]
```

```
    lista=listb      # 全域變數
    y = 10           # 全域變數
    lista.append(6)
    print('showvar=',lista)

def localvar():
    y = 30           # y 區域變數
    z = 40           # z 區域變數
    print('x=',x)    # x 區域變數
    print("localvar 區域 y =",y)
    print("localvar 全域 lista=",lista,'\n')

print('main x=',x)  # 全域變數
showvar()
localvar()
print('main y=',y)
print('main lista=',lista)
```

【執行結果】

```
main x= 10
showvar= [5, 4, 3, 2, 1, 6]
x= 10
localvar 區域 y = 30
localvar 全域 lista= [5, 4, 3, 2, 1, 6]

main y= 10
main lista= [5, 4, 3, 2, 1, 6]
```

```
x ,y, lista[]        # 全域變數

    global y, lista  # 全域變數
    listb=[]         # 區域變數

    x, y, z          # 區域變數
    lista            # 全域變數
```

8-6 習題

一、選擇題

(　　) 1. 以下哪項陳述是正確的？

(A) 函數用於在 Python 中建立對象

(B) 功能使您的程序運行得更快

(C) 函數是執行特定任務的一段代碼

(D) 以上皆是

(　　) 2. 以下代碼的輸出是什麼？

```
def printLine(text):
    print(text, 'is awesome.')
printLine('Python')
```

(A) is awesome　　(B) Pythonis awesome

(C) text is awesome　　(D) Python

(　　) 3. 以下程序的輸出是什麼？

```
result = lambda x: x * x
print(result(5))
```

(A) 10　　(B) 25

(C) 5*5　　(D) lambda x：x * x

(　　) 4. 以下程序的輸出是什麼？

```
def Foo(x):
    if (x==1):
        return 1
    else:
        return x+Foo(x-1)
print(Foo(4))
```

(A) 10　　(B) 24　　(C) 7　　(D) 1

(　　) 5. 下列何者不可能是 print(random.randint(1, 6))的顯示結果？

(A) 0　　(B) 1　　(C) 2　　(D) 6

(　　) 6. 下列何者不可能是 print(random.randrange(0, 15, 3))的顯示結果？

(A) 0　　(B) 3　　(C) 12　　(D) 15

(　) 7. 以下代碼的輸出是什麼？

```
def greetPerson(*name):
    print('Hello', name)
greetPerson('Frodo', 'Sauron')
```

(A) Hello Frodo

(B) Hello('Frodo','Sauron')

(C) 語法錯誤！greetPerson( ) 只能使用一個參數

(D) Hello Frodo Hello Sauron

(　) 8. 如果函數內沒有使用 return 語句，函數將返回：

(A) 任意整數

(B) 錯誤！Python 中的函數必須具有 return 語句

(C) 0

(D) 沒有對象

(　) 9. 什麼是遞迴函數？

(A) 一個函數，它呼叫程序中除自身之外的所有函數

(B) 在 Python 中沒有遞迴函數這樣的東西

(C) 呼叫程序中所有函數的函數

(D) 一個呼叫自身的函數

(　) 10. 下列哪一個函數可讓程式停止執行一段時間？

(A) sleep　　(B) time

(C) halt　　(D) pause

二、實作題

1. 寫一程式，使用函數，找出 a、b 兩數間的所有質數。

2. 平面座標上兩點 (a,b) 與 (c,d) 的距離 $d = \sqrt{(a - c)^2 + (b - d)^2}$ 。

   請寫一程式，使用函數，輸入兩點座標後，能輸出兩點的距離。

初學五題

在學習完前面的 Python 指令和語法之後，就必須開始練習撰寫程式，書中精心收集五個基本程式，這些程式會用到 Python 語言中重要的架構邏輯思考、指令運用、輸出入型態、函數呼叫等等基本語法，希望初學者先閱讀這五個基本程式，然後根據題目要求，再模擬寫出自己的程式邏輯，當你會自己設計這五個基本程式之後，你已經登堂入室了。

9-1 九九乘法表

【題　目】用 9×9 的印表格式印出九九乘法表

【流程圖】

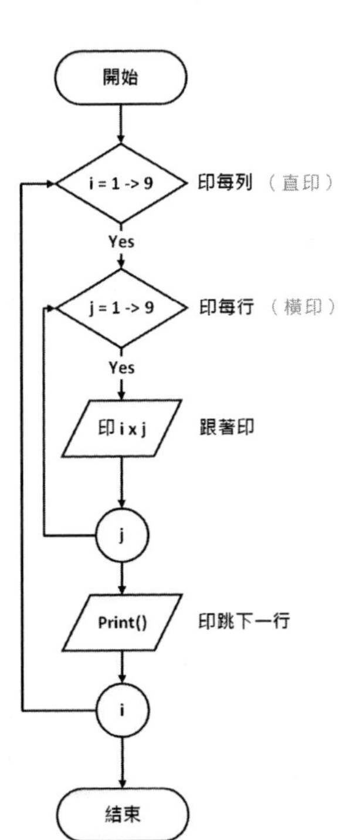

【範例程式】e-9x9-3.py

```
for i in range(1,10):                        # 印直列
    for j in range (1,10):                   # 印橫行
        print ("%3d" %(i*j) , end='')        # 不跳行跟著印
    print()                                  # 橫行印完要跳下一行
```

【執行結果】

```
  1  2  3  4  5  6  7  8  9
  2  4  6  8 10 12 14 16 18
  3  6  9 12 15 18 21 24 27
  4  8 12 16 20 24 28 32 36
  5 10 15 20 25 30 35 40 45
  6 12 18 24 30 36 42 48 54
  7 14 21 28 35 42 49 56 63
  8 16 24 32 40 48 56 64 72
  9 18 27 36 45 54 63 72 81
```

【程式說明】

九九乘法表應該是每一個人都會寫過的程式，使用的兩個 for 的迴圈，讓學習者了解迴圈的特性。這個程式很簡潔，印出來的資料必須控制格式，print ("%3d" %(i*j) , end='')不跳行跟著印，print()跳下一行。

9-2 費氏數列

【題　目】印出 1000 以內的費式數列

【流程圖】

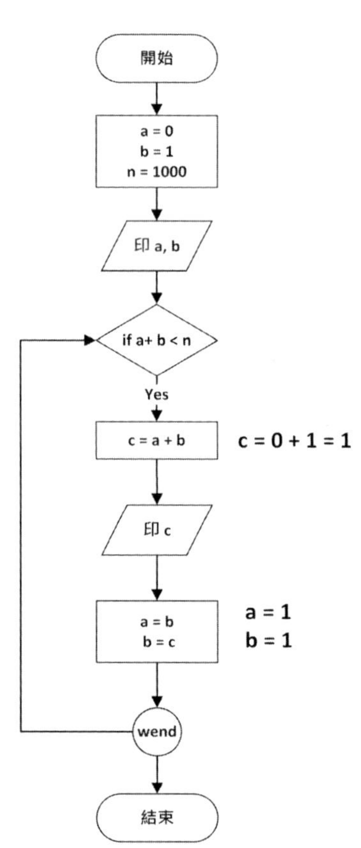

【範例程式】e-Fibo-1.py

```
# while 印出費氏數列

a, b = 0, 1
print(a,b,end=' ')
n=1000

while  a+b < n:
    c=a+b
    print(c, end=' ')
    a = b
    b = c
print()
```

【執行結果】

```
0 1 1 2 3 5 8 13 21 34 55 89 144 233 377 610 987
```

【程式說明】

這一題使用 while 迴圈（當然也可以用 for 迴圈），要印出的數字 c 印完後把 b 放到 a、c 放到 b，以便兩數相加印出。

下表：由上而下，最下面一行由左往右為列印先後次序

	a	b							
a=	0			1	1	2	3		
b=		1		1	2	3	5		
print(a,b)	0	1							
c=a+b=			1	2	3	5	8		
Print(c)			1	2	3	5	8	13	

9-3 猜數字遊戲

下面這個範例非常值得思考，程式設計請從這裡開始！多觀摩幾次看看自己能不能寫得出來。

【題目說明]

猜數字遊戲如果要完整，被猜的數字應該由亂數產生 1~100 的數，而且每猜完一次，要問遊戲者要不要繼續猜，如果要繼續玩就按 Y，不要就按 N，將程式修正的更為完美。

【流程圖】

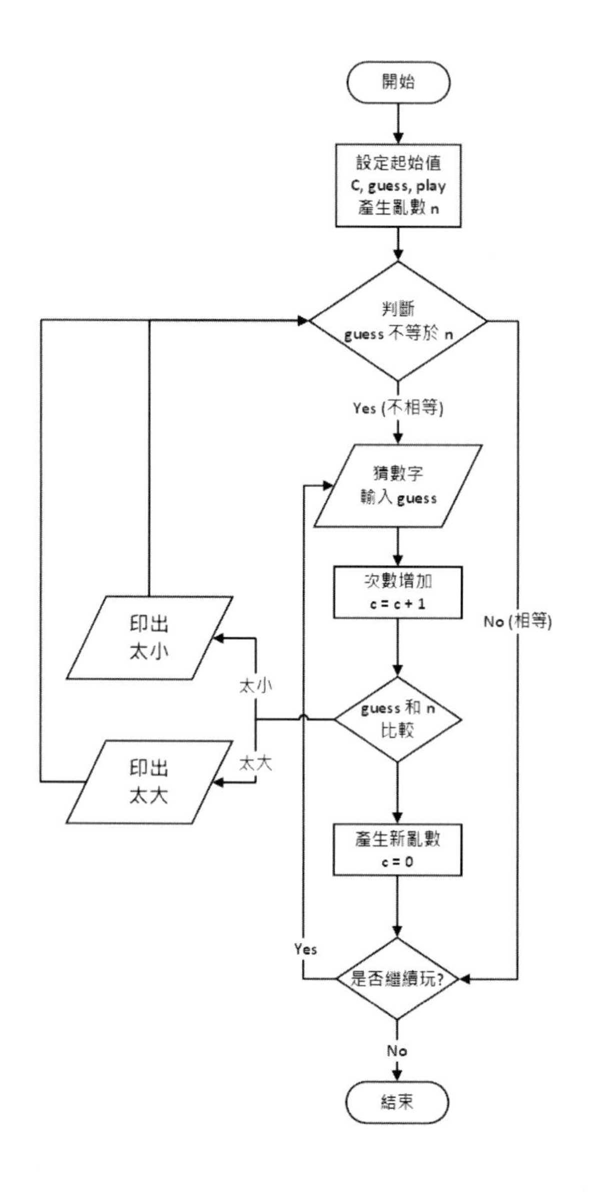

【執行結果】

```
請輸入 (1~100)？50
too small
你已經猜了：1 次
請輸入 (1~100)？75
  答案是: 75
你對猜了，要不要繼續猜(Y/N)？y
你已經猜了：0 次
請輸入 (1~100)？50
too small
你已經猜了：1 次
請輸入 (1~100)？75
too small
你已經猜了：2 次
請輸入 (1~100)？82
too small
你已經猜了：3 次
請輸入 (1~100)？90
too small
你已經猜了：4 次
請輸入 (1~100)？95
too small
你已經猜了：5 次
請輸入 (1~100)？97
  答案是：97
你對猜了，要不要繼續猜(Y/N)？n
```

【範例程式】e-guess-num-2.py

```
# 猜數字遊戲
import random
c=0 ; guess=0 ; play='y'
n=random.randint(1,100)
while (guess != n) and ((play != 'y') or (play != 'Y')):
    guess=int(input('請輸入 (1~100)？'))
    c=c+1
    if (guess > n):
        print('too big')
    elif(guess<n):
        print('too small')
    else:
        play=input('你猜對了，要不要繼續猜(Y/N)？')
        if  (play == 'n') or (play == 'N'):
            break
        n=random.randint(1,100)
        c=0

    print( '你已經猜了：',c,'次')
print(' 答案是：',n)
```

【程式說明】

在編寫程式的時候，往往都需要藉著流程圖，因為流程圖會把程式一個區塊一個區塊區分出來，有助於寫程式者發展程式：

1. 猜數字遊戲的程式邏輯，剛開始要先設定 c=0 是猜數字的次數，guess 是使用者所猜的數字，Play 設定值 Y 代表要繼續玩。
2. 接下來判斷 guess 是不是等於 n，雖然還沒有開始猜，但前面已經設定 guess=0，所以 guess 一定不等於 n，因不等於成立之後就繼續輸入所要猜的數值。
3. 再看看你所猜的數值 guess 和 n 有沒有相等，如果太大就印出太大，如果太小，就印出太小，繼續再猜數字。
4. 即然不是太大，也不是太小，那一定是相等囉！所以就先產生一個亂數和把計數器歸零，問要不要繼續玩？如果要就回到重新猜數字，如果不要就結束了。

9-4 最大公因數（GCD）

【題　目】輸入兩個數求這兩個數的最大公因數 GCD

【流程圖】

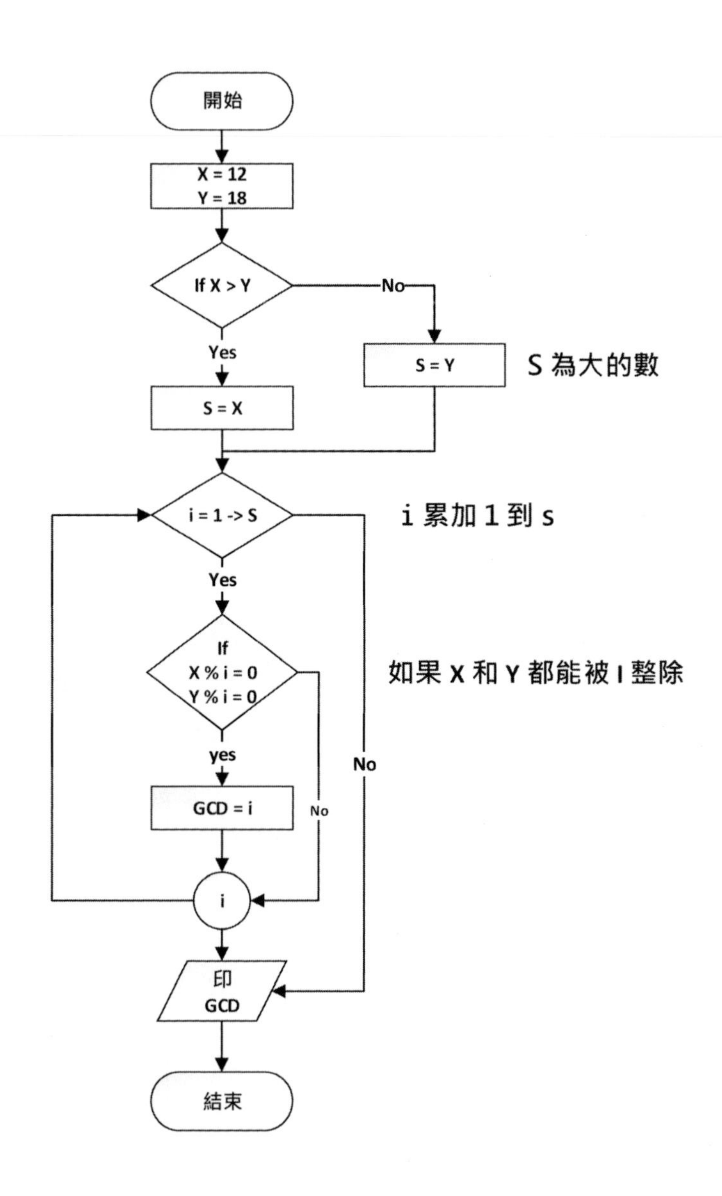

【範例程式】e-gcd-1.py

```
# 求 GCD (輾轉相除法)
# 可以試 x=546 ; y=429  or x=9 ; y=24

x=12; y=18
if (x>y):
    x,y = y,x  # 先把大數設在 y

m=x; x=y
while(m>0):
    y=x ; x=m ; m=y % x      # 把除數拿去當被除數，把餘數拿去當除數

print(x)
```

【執行結果】

```
6
```

【程式說明】

要求最大公因數的方法有很多，可以用**暴力法**找出兩數中的小數，從 1 開始逼近到較小的數，找出最大能夠整除的數，就是最大公因數。各位也學過**連除法**，連除法必須先找出因數，每一次的循環中再將因素從小到大除一次，到不能除為止，最後把所有因數相乘就是最大公因數。這裡所用的是**輾轉相除法**，二數中先把大數設在 y， 用 y 除以 x，每次除完以後把除數拿去當被除數，把餘數拿去當除數，這樣子連續循環一直到餘數等於零，那時候的除數就是最大公因數。

```
                              x    y
                             18   48
                          ----------------
                          m | y  | x  | m
2 | 18  48                2 | 48 | 18 | 1
  ----------                | 36 | 12 |
3 | 9   24                  |----|----|
  ----------              2 | 12 |  6 |
    3    8                  | 12 |    |
                            |----|    |
                            |  0 |    |

   短除法                     輾轉相除法
```

9-5 數制轉換（十進轉二進、八進、十六進）

【題　目】寫一個程式能夠將十進制轉成二進制、八進制、十六進制

【流程圖】

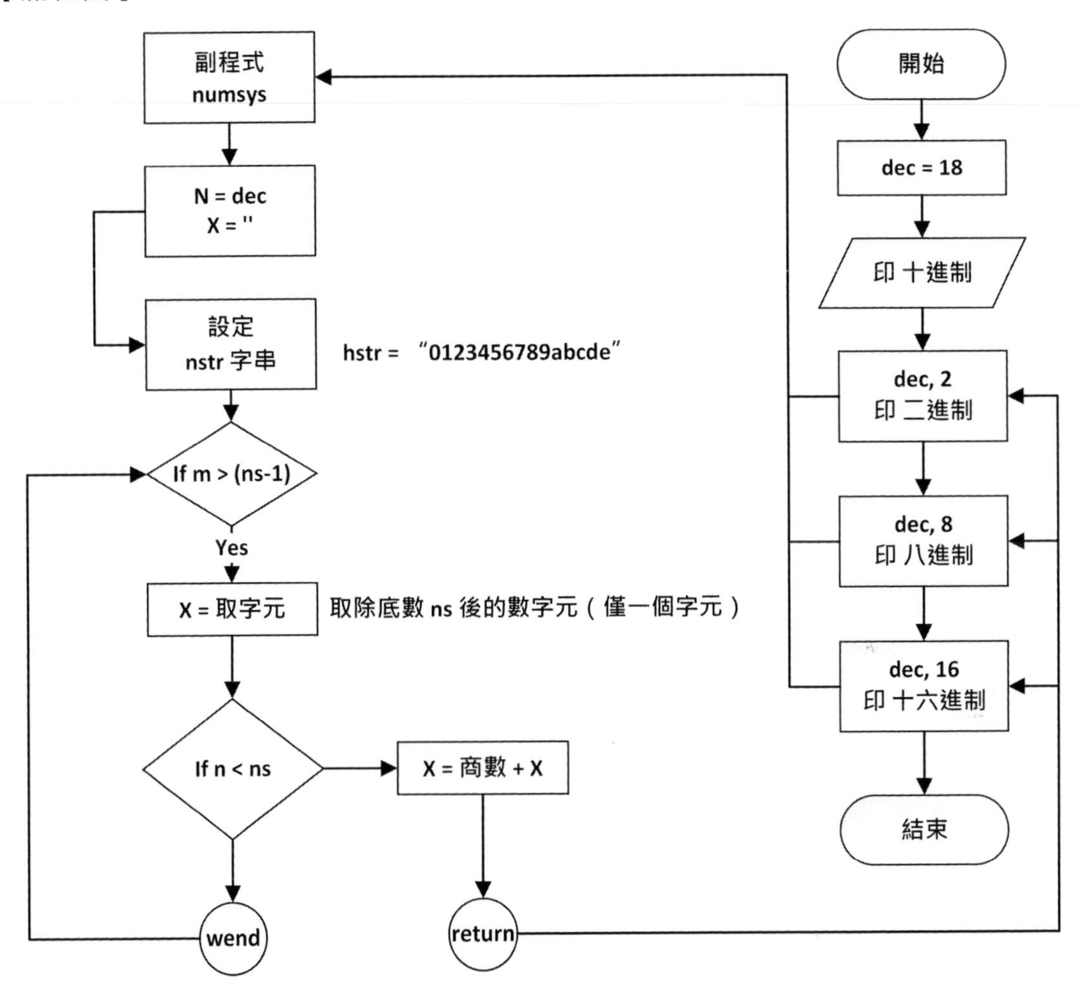

[範例程式] e-digsys-1.py

```
# 十進制轉其他進制

def numsys(dec,ns):
    n=dec
    x=''
    hstr='0123456789ABCDEF'
    if ( n == 0 ) :
        x='0'
    while ( n > 0 ):
        # 要取 n % 16 的餘數，這個字元在 hst 字串的第(餘數)的位置的字元
        x=hstr[(n % ns):(n % ns)+1]+x
        n= n//ns
    return x

dec = 18
print("十進制:",dec,":")
print("二進制=",numsys(dec,2))
print("八進制=",numsys(dec,8))
print("十六進制=",numsys(dec,16))
```

【執行結果】

```
十進制: 18 :
二進制= 10010
八進制= 22
十六進制= 12
```

【程式說明】

十進制轉成其他數制也是基本觀念的題目，數字的轉換可以看圖，十進制的 18 轉二進制，就把 18 除 2，連除後得到的餘數分別是 10010，就是我們要的答案。

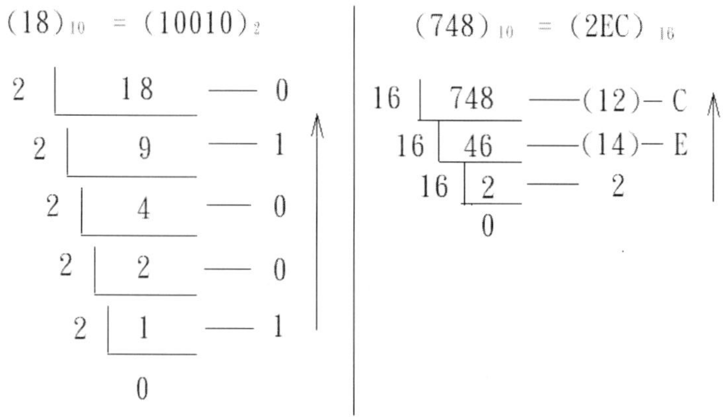

$(18)_{10} = (10010)_2$

```
2 | 18 — 0
  2 | 9 — 1
    2 | 4 — 0
      2 | 2 — 0
        2 | 1 — 1
            0
```

$(748)_{10} = (2EC)_{16}$

```
16 | 748 —(12)— C
  16 | 46 —(14)— E
    16 | 2 — 2
         0
```

如果要把十進位轉換成十六進位，這時候餘數有可能是 10，或者是 11，要寫成 A，或者是 B。所以上面才有一個 hstr 字串，然後用餘數去找出它在字串中的位數，印出這一個位數的字就是答案。上圖右邊十進制的 748 轉十六進制連除後，得到的餘數分別是 2EC。

【思考問題】

設計一個含有小數點數字的轉換，也就是含有小數點的十進位轉換成二進位八進位和十六進位，也可以轉換回來從各個不同數制轉成十進制。

9-6 習題

一、選擇題

(　) 1. 下列二進制轉換之程式，(A)應為何者較適當？

```
n=dec
b=''
while (A) :
    b=str(n%2)+b
    n= n//2
    if ( n==1) :
       b=str(n)+b
print("二進制=",b)
```

(A) n>=1　　(B) n>1　　(C) n>=2　　(D) n>2

(　) 2. 下列最大公因數之程式，(A)應為何者較適當？

```
x=12; y=18
if (x>y):
    x,y = y,x
   (A)
while(m>0):
    y=x ; x=m ; m=y % x
print(x)
```

(A) m=y; y=x　　(B) m=x; x=y　　(C) y=x ; x=m　　(D) m=y // x

( ) 3. 下列關於費氏數列之程式，(A)應為何者較適當？

```
a, b = 0, 1
print(a,b,end=' ')
n=1000

while    (A)     < n:
    c=a+b
    print(c, end=' ')
    a = b
    b = c
print()
```

(A) a (B) b (C) a+b (D) a-b

( ) 4. 下列關於九九乘法表之程式，何者不正確？

```
for i in range(1,10):
    for j in range (1,10):
        print ("%3d" %(i*j) , end='')
    print()
```

(A) end=''之作用為使之連結起來 (B) print()讓它跳到下一行

(C) 以%d 印出外觀可清楚 (D) %(i*j)不可改為%i*j

( ) 5. 下列十六進制轉換之程式，(A)應為何者較適當？

```
n=dec
x=''
hex='0123456789abcde'
while ( n >15) :
       (A)
    n= n//16
    if ( n<16) :
       x=hex[(n%16):(n%16)+1]+x
print("十六進制=",x)
```

(A) x=hex[(n%16):(n%16)+1]+x (B) x= x + hex[(n%16):(n%16)+1]

(C) x=hex[(n%16):(n%16)+1] – x (D) x= x - hex[(n%16):(n%16)+1]

二、實作題

1. 今年 2018 年歲次戊戌年，生肖狗；千禧年 2000 年歲次庚辰年，生肖龍，請設計一程式，用來查詢歲次及生肖。
2. 假設火車站的自動販售機能接受 50 元、10 元、5 元、1 元的硬幣，請撰寫一個程式，算出購買 137 元的車票時，所需投入各種幣值硬幣最少的數量，並將各種幣值所需的數量輸出。

陣列 - 數據類型資料

10

CHAPTER

Python 程式將一般的陣列變數轉換成容器，容器中有：串列、元組、字典和集合，這一個程式就是在介紹集合的用法。

1. **串列（list）**：可以利用序列式方式去記錄資料、如 list= [1,'abc',(1,3),[2,3]]，這些資料具有次序性，list[0]=1、list[1]='abc'、list[2]=(1,3)、list[3]=[2,3]。
2. **元組（tuple）**：用 list 串列和 tuple 元組來儲存序列式資料。兩者最大的不同在於 tuple 是不可以改變的，如 tuple=(1,'abc',[1,3])。
3. **字典（dictionary）**：字典為關聯式陣列或是雜湊表，用不可變的鍵（布林、整數、浮點數、字串和串列）去對應值，字典是可變的，可以新增、刪除、修改鍵值。如 dict= {'key1':'values','key2':'very good'}。
4. **集合（set）**：集合，可以想成就是留下鍵值的 dict。由於 set 存不重複值，當你只想知道值是否存在就是使用 set 的時機，例如使用 in 來判斷值是否存在，如 set= {1,'abc',(1,3)}。

下圖是有次序性變數容器的資料存放示意圖：

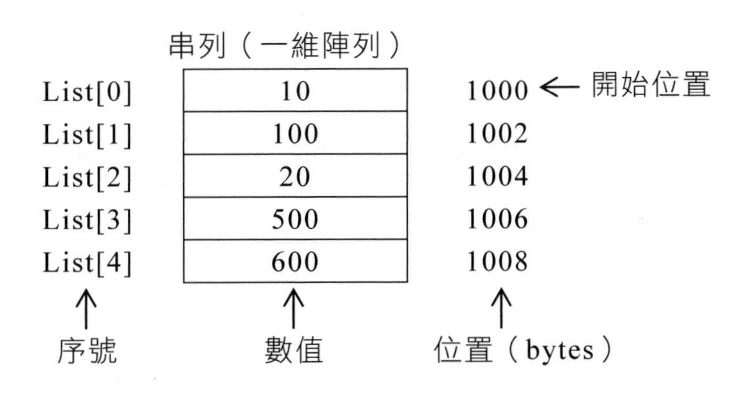

10-1 串列（List）

list 的觀念來自數學的有序（Sequence）集合，在其他的語言就叫做陣列（Array），是一種有次序性的變數，通常設定變數 A1、A2、A3、A4…。這種變數在文字上看來好像有次序性，但就電腦而言，變數名稱僅設定變數空間，無法用迴圈指令依序呼叫出這些變數裡面的值。有了陣列以後，持續性的資料處理變為更簡單，在 Python 中可以用 list。

串列是 Python 中最基本的數據結構。串列中的每個元素都分配一個數字－它的位置或索引，第一個索引是 0，第二個索引是 1，依此類推。像是若 A=[2,4,6,8,10] 則 len(A)=5，表示 A list 有五個元素：A[0]是 2 、A[1] 是 4、 A[2]是 6、A[3] 是 8、A[4] 是 10。建立串列有二個方法，變數名稱可以自訂：

```
elist=list()
elist=[]
```

【範例程式】串列 list.py

```
list1=[2,4,6,8,10]
print(list1)

for i in range(5):
    print(list1[i],end=' ')
print()

for i in list1:
    print(i,end=' ')
```

【執行結果】

```
[2, 4, 6, 8, 10]
2 4 6 8 10
2 4 6 8 10
```

上面串列的操作，不管是用範圍指令或者是用串列指令都可以把內容印出來，因為它們兩個都是有持續性的變數。

for 迴圈的指令會用到 range(s,e,step)，如果在 Python Shell 列印 range 類別會印出 class 'range'。

```
>>> x=range(5)
>>> type(x)
<class 'range'>
```

range 其實也類似一個串列，可以把程式寫成 for i in list1：執行邏輯和 range 大致相同（如上面說明）。

list + 和 * 的運算，在 Python Shell 可以試試以下幾行指令：

【指令練習】

```
C=[3,4 ]
D=[5,6]
E=C+D

print (E)
E=E+E
print (E)
E=2*C
print (E)
e=21
print(e)
print(E)
```

【執行結果】

```
[3, 4, 5, 6]
[3, 4, 5, 6, 3, 4, 5, 6]
[3, 4, 3, 4]
21
[3, 4, 3, 4]
```

如下列出 list 元素的操作處理相關指令。

10.1.1 串列宣告

```
串列名稱= [ 元素一 , 元素二,    元素三, ………元素 n]
```

串列元素的類別可以是整數、字串、或是布林值，例如：

```
list1=[2,4,6,8,10]
list2=["星期日"、"星期一"、"星期二"、"星期三"、"星期四"]
list3=[True, 1 , 3.14 , "abc"]  # 串列中的元素可以試不同類別資料
```

10.1.2 空串列

程式中如果要用到串列應該先要定義串列的大小，如果還不知道串列的元素有多少個的時候，可以先設定空串列。

```
list1=[]
```

一般串列名稱都會定義：list1、list2、list3…，避免和 Python 保留字衝突。先訂一個空串列然後再慢慢來增加元素。

10.1.3 一維串列

list 串列可以當一維陣列來使用，就像下面這個表格串列從 list[0]…list[5]。

裡面的內含字分別為：1、2、3、4、5、6

	list[0]	list[1]	list[2]	list[3]	list[4]	list[5]
	1	2	3	4	5	6
也可以：	List[-6]	List[-5]	List[-4]	List[-3]	List[-2]	List[-1]

這個名稱為 list 的串列包含 6 個整數元素。

```
list=[1,2,3,4,5,6]
print(list)       # 讀取串列的內容
```

下面有三種用 for 迴圈列印串列元素的方法：**Listrange.py**

```
colors = ['red', 'green', 'blue', 'yellow']
for color in colors:
    print(color)

list2=['a','b','c','d','e','f']
for i in range(6):
    print(list2[i])

nums= [1,2,3,4,5,6]
for i in nums:
    print(i)
```

10.1.4 二維串列

有一個二維串列，其資料內容如下面方格所示：

	0	1	2	3	4	5
0	'Jan'	'Feb'	'Mar'	'Apr'	'May'	'Jun'
1	1	2	3	4	5	6

資料內容的列印有下面幾種方法：

list6= [('Jan',1),('Feb’',2),('Mar',3),('Apr',4),('May',5),('Jun',6)]

讀取陣列中的元素

print(list6[0][0],list6[2][0]) 會印出 Jan Mar

-------------------------------------- (two-dim-list.py)

```
list5=[1,2,3,4,5,6,7,8,9,10]
print(list5)

list6= [('Jan',1),('Feb',2),('Mar',3),('Apr',4),('May',5),('Jun',6)]
print(list6[0][0], list6[0][1],list6[3][0],list6[3][1])

for i in range(2):
    for j in range(6):
        print(list6[j][i],end=' ')
    print()
```

```
[1, 2, 3, 4, 5, 6, 7, 8, 9, 10]
Jan 1 Apr 4
Jan Feb Mar Apr May Jun
1 2 3 4 5 6
```

10.1.5 串列搜尋 index()

index() 函數用於從列表中找出某個值第一個匹配項的索引位置。

函數語法：list.index(obj)

```
List= [123, 'xyz', '456', 'abc'];

print ("Index for xyz  :", List.index( 'xyz' ))
print ("Index for zara :", List.index( '456' ))
```

```
Index for xyz  : 1
Index for zara : 2
```

10.1.6 串列計算 count()

count() 函數用於統計某個元素在列表中出現的次數。

函數語法：list.count(obj)

```
List = [123, 'xyz', '456', 'abc', 123]
print( "Count for 123 : ", List.count(123))
print( "Count for 456 : ", List.count('456'))
-----------------------------------------------
Count for 123 :  2
Count for 456 :  1
```

10.1.7 新增元素 append()

append() 函數用於在列表末尾添加新的對象。

已經設定好的串列如果要增加元素，可以用 append() 指令從後面加入元素。

函數語法：list.append(obj)

```
List = [ 123 , 'xyz' , '456' , 'abc' ]
List . append (2019 );
print ("List = " , List )
-----------------------------------------------
List =  [123, 'xyz', '456', 'abc', 2019]
```

10.1.8 插入串列元素要用 insert() 指令

insert() 函數用於將指定元素插入列表的指定位置。

函數語法：list.insert(index,obj)

```
List = [123, 'xyz', '456', 'abc']

List.insert( 3, 2019)

print (" List : ", List)
----------------------------------------
List :  [123, 'xyz', '456', 2019, 'abc']
```

10.1.9 移除元素 remove()

remove() 函數用於移除列表中某個值的第一個匹配項。

函數語法：list . remove(obj)

```
list = [ 123 , 'xyz' , '456' , 'abc' , 'xyz' ]
list . remove ( 'xyz' )
print( "List : " , list)
list . remove ( 'abc' )
print ("List : " , list)
------------------------------------
List :  [123, '456', 'abc', 'xyz']
List :  [123, '456', 'xyz']
```

10.1.10 串列排序

sort() 函數用於對原串列進行排序，如果有指定參數，則使用指定的比較函數。

函數語法：list.sort()

```
List=["星期 0","星期 2","星期 1","星期 3","星期 4"]
List.sort();
print ("List : ", List)
-----------------------------------------
List :  ['星期 0', '星期 1', '星期 2', '星期 3', '星期 4']
```

10.1.11 串列反轉排序

函數語法：list.sort(reverse = True)

reverse -- 排序規則：reverse = True 降冪，reverse = False 升序（內定）。

```
List=["星期 0","星期 2","星期 1","星期 3","星期 4"]
List.sort(reverse=True);
print ("List : ", List)
--------------------------------------
List :  ['星期 4', '星期 3', '星期 2', '星期 1', '星期 0']
```

10.1.12 字串拆分成串列

list() 將一個字串拆分成一個串列，在 Python 中，字符只是長度為 1 的字元.list ( ) 函數將字串轉換為單個字母的字元列表。

函數語法: ：list()

```
>>> list('hello world')
['h', 'e', 'l', 'l', 'o', ' ', 'w', 'o', 'r', 'l', 'd']
```

10.1.13 將字串拆分成串列

split() 在特定子字符串'x'上拆分字符串，如果沒有指定'x'，. split （ ）只是在所有空格上分割。

函數語法: ：str.split（'x'）

```
>>> name='my name is Jerome Wen'
>>> name.split()
['my', 'name', 'is', 'Jerome', 'Wen']
```

10.1.14 串列轉成字串

Join()將字串加入串列，重新組合成一個單獨的字串， str.join（y）使用的方法是在“分隔符”字符串'x'上將'x'連接列表 y 中由'x'分隔的每個元素。
函數語法: ：'x'.join（y）

```
>>> namelist=['my', 'name', 'is', 'Jerome', 'Wen']
>>> ' '.join(namelist)
'my name is Jerome Wen'
```

10.1.15 字串轉成串列

map()將字串轉成串列，根據函數指定的字串做映射(map)轉換。

函數以參數序列中的每一個元素調用 function 函數，返回包含每次 function 函數返回新的串列。

函數語法: listA = map(int, raw_input().split())

```
>>> listA = ['1','2','3']
>>> print map(int,listA)
[1, 2, 3]
>>> ipline='1 2 3 4 5'
>>> list01=list(map(int,ipline.split()))
>>> print(list01)
[1, 2, 3, 4, 5]
```

10.1.16 串列綜合表達式 (List Comprehension)

串列綜合表達式 (List Comprehension) List Comprehension 就是把 for-loop 包裝在一行串列內。

標準語法: list = [(expression) (for loop)* (if statment)*]

```
# 文字串列轉成文字字串
list00 = [0,1,2,3,4,5,6,7,8,9]
print(list00)
list01 = [str(x) for x in list00]    # 字串串列
print(list01)
print(" ".join(list01))            # 字串串列轉字串
for s in list01:
    print(s,end=' ')            # 字串串列轉字串
print()
```

10.1.17 字串串列轉數值串列

函數將 sequence 的字串元素轉成數值元素，以 list 回傳。

函數語法：map(function, sequence)

```
>>> listA = ['1','2','3']
>>> print map(int,listA)
[1, 2, 3]
```

【練習範例】

```
ipline='1 10 100 1000 10000 10000'
print(ipline)

list01=list(map(int,ipline.split()))
print(list01)
```

【執行結果】

```
1 10 100 1000 10000 10000
[1, 10, 100, 1000, 10000, 10000]
```

在 APCS 的程式檢定中常常需要用到字串和陣列的互換，一般而言從系統中讀入的測資都是字串。在程式中處理時必須轉成串列，才能靈活處理，等到處理完畢要把資料送到系統檢測又需要轉換成為字串。所以撰寫程式時都必須要具備下列四種轉換技能。還有一點要提醒考生，送出去的字串前後空白都要去除，也就是字串前後不能夠留有空白，否則系統會認定錯誤（詳見第十二章第四十八題）。

1. 文字字串轉乘數值串列
2. 文字字串轉成文字串列
3. 數值串列轉成文字字串
4. 文字串列轉成文字字串
5. 字串前後空白去除

表 10-1：串列函數使用方法

函數	描述	list1=[1,2,3,4]	list2=[3,4,5,6]
len(list)	串列元素個數	4	4
map(function, sequence)	chr 類型轉換成 int	list2=list(map(int, ['1','2','3','4']))	[1, 2, 3, 4]
max(list)	返回串列元素最大值	4	6
min(list)	返回串列元素最小值	1	3
list(seq)	將元素轉換為串列	tupe=(6,7,8) >>> list(tupe)	[6, 7, 8]

表 10-2：串列函數執行運算

list 函數	描述	執行運算 list=[6,5,4,3,2,1]
list[n1:n2]	取出 n1 到 n2-1 的元素	[範例] list1=list[1:3] [結果] list1=[5, 4]
list[n1:n2:n3]	取出 n1 到 n2-1 的元素，間隔 n3	[範例]list1=list[0:5:2] [結果] list1=[6,4,2]
del list[n1,n2]	刪除 n1 到 n2-1 的元素	[範例]del list[1,3] [結果] list1=[6, 3, 2, 1]
list.append(obj)	在列表末尾添加新的元素	[範例] list.append(7) [結果] [6, 5, 4, 3, 2, 1, 7]
list.count(obj)	統計某個元素在列表中出現的次數	[範例] n= list.count(7) [結果] n=1
n=len(list)	串列中元素的長度，也就是數目	[範例] n=len(list) [結果] n=6
list.index(obj)	列表中找出某個值第一次出現的索引位置	[範例] n= list.count(7) [結果] n=1
iplist=list(strline)	字串轉列表	[範例] list('3 7 5') [結果] ['3', ' ', '7', ' ', '5']
list.insert(index, obj)	將元素插入列表	[範例] list.insert(1,7) [結果] list=[6, 7, 5, 4, 3, 2, 1]
list.pop(obj=list[-1])	移除列表中的一個元素（預設最後一個元素），並且返回該元素的值	[範例]n=list.pop() [結果] n=1
list.remove(obj)	移除列表中某個值的第一個匹配項	[範例] list.remove(4) [結果] list=[6, 5, 3, 2, 1]
list.reverse()	反向列表中元素	[範例] list.reverse() [結果] [1, 2, 3, 4, 5, 6]
list.sort([func])	對原列表進行排序	[範例] list.sort() [結果] [1, 2, 3, 4, 5, 6]

* 在 Python shell 打 >>> help(list) 有詳細功能和格式說明。

10-2 元組

Tuple 是電腦專用名詞，意味不可改變的串列（immutable sequence list），反之 List 物件是可以改變的串列叫 Iterable，在 Google 翻譯成「迭代的」，就是一個數組、字符串、串列都是可改變的（mutable）。

元組（tuple）和串列（list）是一樣的物件（object），兩者功能都一樣，只不過元組的元素是不能改變的，反之串列的內容元素是可以變更的，元組就是不能修改的串列。兩者的不同在於包圍串列的符號是中括號 [1,2,3]；包圍元組的符號是小括號 (1,2,3)。

元組的操作速度比串列速度快，由於元素不能改變，所以只有建立沒有其他處理改變元素的運算指令或函數。

下面用 Python 的互動模式來說明元組的：建立、設定、列印、相加和轉換。在互動模式中可以使用 () 來建立 Tuple 物件，可以直接以逗號區隔元素來建立 Tuple 物件。例如：

```
>>> (38,'jerome',3.14)              # 1.建立元組
(38, 'jerome', 3.14)
>>> tup=(38, 'jerome', 3.14)        # 2.設定一個元組物件 tup 的內含值
>>> tup[0]                          # 3.印出元組的第 0 個元素
38
>>> tup[2]                          # 印出元組的第 2 個元素
3.14
>>> tup[0:2]                        # 印出兩個元素，0 和 1
(38, 'jerome')
>>> tup[0:]                         # 印出所有元素，0、1、2
(38, 'jerome', 3.14)
>>> for i in tup:
        print(tup)                  # tup 中有三個元素所以列印次數 3 次


(38, 'jerome', 3.14)
(38, 'jerome', 3.14)
(38, 'jerome', 3.14)
>>> for i in tup:                   # 印出所有元素，0、1、2
        print(i)

38
jerome
3.14
>>> tup+(4,5,6)                     # 4.兩個元組相加
(38, 'jerome', 3.14, 4, 5, 6)
```

```
>>> tuple1=(1,2,3,4,5)                  # 建立元組
>>> list1=list(tuple1)                  # 5.元組轉換成串列
>>> list1
[1, 2, 3, 4, 5]
>>> list2=['A','B','C','D']
>>> tuple2=tuple(list2)                 # 串列轉換成元組
>>> tuple2
('A', 'B', 'C', 'D')
```

* 在 Python shell 打 >>> help(tuple) 有詳細功能和格式說明。

```
>>> tuple()
>>> dir(tuple)
```

10-3 字典

在資料結構中常見的一種資料庫叫「關聯型資料庫（Relational Database）」，就是利用「鍵值」來轉換索引資料內容，比如說學校有一個模擬考試的各科成績，只有學號，沒有姓名，那就可以從學校的索引檔（index file）中，找出學生的姓名，這就是關聯型資料庫的功能。「字典」的設立主要也是為了方便用鍵值來索引資料，從「鍵」來取「值」。

字典（Dictionary）是另一種可變容器的物件，且可儲存任意類型的元素。字典的每個鍵值 key：value，鍵對值用冒號：分割，每個鍵值對之間用逗號分割，整個字典包括在括號 {} 中。

下面用 Python 的互動模式來說明字典的建立、設定、列印、相加和轉換。在互動模式中可以使用{}來建立字典物件，直接逗號區隔元素來建立 Dictionary 物件。

格式如下所示：

```
>>> {'a': 1, 'b': 2, 'c': 3}           # 1:建立字典
{'a': 1, 'b': 2, 'c': 3}
>>> dict['a']                           # 2:檢索 a 的鍵值
1
>>> dict1 = { 'Name' : 'Zara' , 'Age' : 7 , 'Class' : 'First' }# 3:建立dict1 字典
>>> dict1['Name' ]                      # 3:檢索 dict1 字典 name 的鍵值
'Zara'
>>> dict2 = { 'Name' : 'Jerome' , 'Age' : 18 , 'Class' : 'A ' }
>>> dict2['Name' ]
'Jerome'
>>> del dict2['Name']                   # 4:刪除 dict2 字典 name 的鍵
>>> dict2                               # 刪除 name 以後的元素
{'Age': 18, 'Class': 'A '}
```

```
>>> dict2['Name']= ' Jerome'        # 5:增加dict2 字典 name 的鍵
>>> dict2
{'Age': 18, 'Class': 'A ', 'Name': ' Jerome'}
>>> type ( dict2)                   # 6:印出dict2 字典的類別
<class 'dict'>

>>> passwords = {'Justin' : 123456, 'caterpillar' : 933933}
>>> passwords['Justin']             # 7:印出 passwords 字典 Justin 類別的鍵值
123456
>>> for person in passwords:        # 這兩行要一行一行打進去
        print(passwords[person]) # 用 for 迴圈印出 person 鍵的值
                                    # 再按一個<Enter>
123456
933933
>>> passwords.items()               # 8:印出 passwords 字典的項目
dict_items([('Justin', 123456), ('caterpillar', 933933)])
>>> passwords.update( {'John' : 3388} )
>>> passwords.items()               # 9:增加 passwords 字典的項目
dict_items([('Justin', 123456), ('caterpillar', 933933), ('John', 3388)])
>>>
```

【題目】

身分證有 10 個字，第一個字是英文字母，最後一個字是驗證碼，寫一個程式判斷這個身分證字號是否正確?

【範例程式】身分證檢核-1(字典) .py

```
# 身分證檢核(字典)
dict1={"A":10,"B":11,"C":12,"D":13,"E":14,"F":15,"G":16,"H":17,"I":34,\
      "J":18,"K":19,"L":20,"M":21,"N":22,"O":35,"P":23,"Q":24,"R":25,\
      "S":26,"T":27,"U":28,"V":29,"W":32,"X":30,"Y":31,"Z":33}
# print("字典內容:"+str(dict1))

id='A123456789'

sum=0
n=int(dict1[id[0:1]])
sum=n//10+(n%10)*9

for i in range(1,8+1):
    sum=sum+(9-i)*int(id[i:i+1])
check=int(id[9:10])
if (((sum+check)% 10 )==0):
    print(id,'的身分證號碼正確！')
else:
    print(id,'的身分證號碼不正確！')

print('身分證的檢查碼=', check)
```

【執行結果】

```
A123456789 的身分證號碼正確！
身分證的檢查碼= 9
```

【程式說明】

中華民國的身分證字號有其特定的編碼原則。第一個字是大寫的英文字母，其餘 9 個字必須為數字。但在套用編碼原則時，第一個英文字母將會先依下表被轉換為數字：

字母	A	B	C	D	E	F	G	H	J	K	L	M	N
數字	10	11	12	13	14	15	16	17	18	19	20	21	22
字母	P	Q	R	S	T	U	V	X	Y	W	Z	I	O
數字	23	24	25	26	27	28	29	30	31	32	33	34	35

轉換後的身分證字號（共 11 位數字）每一位數均有固定的權重（Weight），由左往右依序為「1 9 8 7 6 5 4 3 2 1 1」。判斷身分證字號是否正確的方法為：各位數字與其相對應的權重相乘後再加總，加總後的結果若為 10 的倍數則身分證字號即屬正確。

把英文字，依據上面那個表，拆成兩個數字，分別填到 N1 N2，如下表：

1	0	1	2	3	4	5	6	7	8	9
N1	N2	N3	N4	N5	N6	N7	N8	N9	N10	N11

把每一個數字，依序乘上 1 9 8 7 6 5 4 3 2 1 1，再相加就是：

N1 + N2 * 9 + N3 * 8 + N4 * 7 + N5 * 6 + N6 * 5 + N7 * 4 + N8 * 3 + N9 * 2 + N10 + N11

計算後會得到一組數字。如果可以被十整除，那麼這就是一組可以用的身分證字號。在這組運算的數字是：

1 + 8 + 14 + 18 + 20 + 20 + 18 + 14 + 8 + 9 = 130

可以被 10 整除，所以屬正確號碼。

表 10-3：字典函數的方法列表

方法	描述	句法
copy()	將整個字典複製到新字典	dict.copy()
update()	添加新項目或鍵值來更新字典	dict.update([other])
items()	返回字典中的元組（Keys，Value）列表	dictionary.items()

方法	描述	句法
sort()	對字典中的元素進行排序	dictionary.sort()
len()	算出字典中的對數	len(dict)
cmp()	比較兩個字典的鍵和值	cmp(dict1, dict2)
str()	將字典設為可列印的字符串格式	str(dict)

10-4 集合

set()是無序、元素不重複的集合函數，可進行關係測試，刪除重複數據，還可以計算交集、差集、聯集等。在 Python3 中，要建立集合，建立集合是使用{}包括元素來建立集合。

```
>>> x=set('doodle')
>>> y=set('google')
>>> x&y      # 交集
{'e', 'l', 'o'}
>>> x|y      # 聯集
{'o', 'g', 'l', 'e', 'd'}
>>> x-y      # 差集
{'d'}
>>>
>>>set('boy')
set(['y', 'b', 'o'])
```

10.4.1 集合添加、刪除

集合的添加有兩種常用方法，分別是 add 和 update。

- 集合 add 方法：是把要傳入的元素添加到集合中，例如：

```
>>> a = set('boy')
>>> a.add('python')
>>> a
set(['y', 'python', 'b', 'o'])
```

- 集合 update 方法：是把要傳入的元素拆分，做為個體傳入到集合中，例如：

```
>>> a = set('boy')
>>> a.update('python')
>>> a
set(['b', 'h', 'o', 'n', 'p', 't', 'y'])
```

■ 集合刪除操作方法：remove

```
set(['y', 'python', 'b', 'o'])
>>> a.remove('python')
>>> a
set(['y', 'b', 'o'])
```

先在 shell 下的提示列 練習下面幾個指令:

```
>>> odds=set([1,3,5,7,9])        # 奇數
>>> evens=set([2,4,6,8,10])      # 偶數
>>> primes=set([2,3,5,7])        # 質數
>>> composites=set([4,6,8,9,16])  #合數
>>> odds.union(evens)            # 奇數 聯集 偶數
{1, 2, 3, 4, 5, 6, 7, 8, 9, 10}
>>> evens.union(odds)            # 偶數 聯集 奇數
{1, 2, 3, 4, 5, 6, 7, 8, 9, 10}
>>> odds                         # 奇數
{1, 3, 5, 7, 9}
>>> evens                        # 偶數
{2, 4, 6, 8, 10}
>>> odds.intersection(primes)    # 奇數 交集 質數
{3, 5, 7}
>>> primes.intersection(evens)   # 質數 交集 偶數
{2}
```

【練習程式】集合-set.py　　　　【執行結果】

【練習程式】集合-set.py	【執行結果】
fruits = {"apple", "banana", "cherry"} print(fruits)	{'apple', 'banana', 'cherry'}
for x in fruits: print(x)	apple banana cherry
fruits.add("orange") print(fruits)	{'orange', 'apple', 'banana', 'cherry'}
fruits.update(["orange","mango", "grapes"]) print(fruits)	{'banana', 'cherry', 'mango', 'grapes', 'orange', 'apple'}
print(len(fruits))	6
fruits.remove("banana") print(fruits)	{'cherry', 'mango', 'grapes', 'orange', 'apple'}
x = fruits.pop() print(x) print(fruits)	cherry {'mango', 'grapes', 'orange', 'apple'}

fruits.clear() print(fruits) fruits = {"apple", "banana", "cherry"} print(fruits) del fruits # print(fruits)	set() {'apple', 'banana', 'cherry'}

10.4.2 集合操作符號

集合的交集、合集（聯集）、差集，了解集合 set 的這些非常好用的功能前，要先了解一些集合操作符號：

符號	意思
&	交集
\	合集，聯集
-	補集，差集
in	成員關係
not in	不是成員關係

集合所使用的內置方法：

方法	說明
add()	添加集合的元素
clear()	刪除集合的所有元素
copy ()	返回集合的副本
difference()	返回包含 difference_update 之間的()差異
difference_update()	移除此集合中也包含在指定的集合中的項目
discard()	刪除指定的項目
intersection()	返回一個集合(即兩個其他集合的交集)
cross_update()	刪除集合中不存在於其他指定集合中的項目
isdisjoint()	返回兩個集合是否具有交集
issuperset()	返回此集合是否包含另一個集合

方法	說明
pop()	從 set 移除一個元素中 remove()移除指定的元素
union()	返回一個包含集合 union 的集合
update()	更新使用的集合

* 在 Python shell 打 >>> help(set) 有詳細功能和格式說明。

10-5 習題

一、選擇題

(　) 1. 關於字典（dict），下列何者敘述是錯誤的？

(A) 資料是依序排列的　(B) 資料是隨機排列的

(C) 可以由「鍵」取得「值」　(D) 它是以「鍵-值」的方式進行儲存

(　) 2. 如下程式執行後的 n 值為何？

```
count2=[99,200,101,302,412,569]
n=len(count2)
```

(A) 4　(B) 5　(C) 6　(D) 7

(　) 3. 執行下列程式，下列結果何者正確？

```
list6=["香蕉","蘋果","橘子","芒果"]
print(list6[-4])
```

(A) 香蕉　(B) 蘋果　(C) 芒果　(D) 錯誤，索引值超過範圍

(　) 4. 以下程序的輸出是什麼？

```
print((1, 2) + (3, 4))
```

(A) (4,6)　(B) (1,2,3,4)　(C) ((1,2)，(3,4))　(D) 錯誤！

(　) 5. 以下程序的輸出是什麼？

```
squares = {1:1, 2:4, 3:9, 4:16, 5:25}
print(squares.pop(4),end=' ')
print(squares)
```

(A) 16 {1:1,2:4,3:9,5:25}　(B) 16 {1:1,2:4,3:9,4:16,5:25}

(C) 4{1:1,2:4,3:9,5:25}　(D) 4{1:1,2:4,3:9,4:16,5:25}

( ) 6. 以下程序的輸出是什麼？

```
names = "{1}, {2} and {0}".format('John', 'Bill', 'Sean')
print(names)
```

(A) John, Bill, Sean (B) Bill, Sean, John (C) John, Bill (D) Bill, Sean

( ) 7. 執行下列程式，下列結果何者正確？

```
list1=[5,2,6,1,8,3]
list2=sorted(list1,reverse=True)
print(list2)
```

(A) [2,6,8,3,5,1] (B) [5,2,6,1,8,3] (C) [3,8,1,6,5,2] (D) [3,8,1,6,2,5]

( ) 8. 關於串列（list）和元組（tuple），下列結果何者正確？

(A) 串列和元組間不可轉換 (B) 兩者之結構不同

(C) 元組的元素個數和元素值不可更改 (D) 串列執行速度較快

( ) 9. 執行下列程式，下列結果何者正確？

```
list2=[1,2,3,4,5,6]
m=list2.pop()
n=list2.pop(3)
```

(A) m=3 n=6 (B) m=2 n=3 (C) m=6 n=3 (D) m=6 n=4

( ) 10. 以下哪項陳述是正確的？

(A) 集合是無序的項目集合 (B) 您可以更改集合的元素，而不像元組

(C) 集合的元素是獨特的 (D) 以上皆是

二、實作題

1. 請建立 arrayMax() 函數傳入整數陣列，傳回值是陣列元素的最大值，程式可以讓使用者輸入 5 個範圍 1~100 的數字，在存入陣列後，找到陣列的最大值。

2. 請建立一個 Python 程式在輸入一個字串後，將字元串列中索引為奇數的字元抽出來另建立一個新字串，最後顯示字串內容。例如：原字串「jerome」，新字串為「eoe」。

列印文字圖形程式練習

11

CHAPTER

所有學過電腦程式語言設計的朋友們都會經過這一個歷程，也就是把星形文字或數字組合成不同的文字圖案，讓學習者練習寫出程式執行後，能夠印出這些幾何圖案。這種「練習」是非常值得的，因為它讓你活用簡單的程式指令就能達成印出這些圖案的效果，是最簡單、最快速的邏輯演繹推理思考培養，也是學習程式設計者必經的過程。請認真思考設計完這幾個圖案，能夠完成就算是正式進入程式設計的領域了！

11-1 題目總覽

練習文字圖形：1. 星形　2. 數字形 3. 英文字形。

寫出能印出下列圖形的程式：

（1）難度：0	（2）難度：3	（3）難度：1	（4）難度：3
* ** *** **** *****	* *	1 22 333 4444 55555	555555555 544444445 543333345 543222345 543212345 543222345 543333345 544444445 555555555

（5）難度：1

```
A
BB
CCC
DDDD
EEEEE
```

（6）難度：0

```
A
B
C
D
E

ABCDE
```

（7）難度：4

```
*
**
***
*  *
** **
******
*  *  *
** ** **
*********
*  *  *  *
** ** ** **
************
```

（8）難度：3

```
       *
      * *
     *   *
    *     *
   *       *
  *         *
 *           *
* * * * * * * *
```

（9-0）難度：2

```
*********
 *******
  *****
   ***
    *
   ***
  *****
 *******
*********
```

（9-1）難度：2

```
*       *
**     **
***   ***
**** ****
*********
**** ****
***   ***
**     **
*       *
```

（9-2）難度：3

```
*********
**** ****
***   ***
**     **
*       *
**     **
***   ***
**** ****
*********
```

（10）難度：3

```
******* *******
 ****** ******
  ***** *****
   **** ****
    *** ***
     ** **
      * *
```

（11）難度：3

```
   *         *
  * *       * *
 * * *     * * *
* * * *   * * * *
* * * * * * * * * *
```

（12）難度：2

```
AAAAA
BBBB
CCC
DD
E
```

（13）難度：2

```
1
01
101
0101
10101
```

（14）難度：1

```
01111
20222
33033
44404
55550
```

（15）難度：3

```
    1
   121
  12321
 1234321
123454321
```

（16）難度：3

```
    5
   44
  333
 2222
11111
```

（17）難度：2

```
1
2  3
4  5  6
7  8  9 10
11 12 13 14 15
```

（18）難度：3

```
ABCDEFEDCBA
ABCDE EDCBA
ABCD   DCBA
ABC     CBA
AB       BA
A         A
```

（19）難度= 1	（20）難度= 3	（21）難度= 5	（22）難度= 4
S SC SCH SCHOO SCHOOL	e　　e d　　d c　c b b a b b c　c d　　d e　　e	* 1 1 A B A 1 2 2 1 * * 0 * * 1 2 2 1 A B A 1 1 *	# 燒腦題，看答案 # 前請先思考 * ** *** 1　1 22 22 333333 A　A　A BB BB BB CCCCCCCCC 1　2　3　4 11 22 33 44 111222333444 1　1　1　1　1 12 12 12 12 12 123123123123123

11-2 題解程式

下面共有 20 題（#1 ~ #20），每一題左邊是圖形；右邊是程式，每個程式執行後會得到左邊的圖形，而且每題都標註難度，可以讓讀者知道程式邏輯難度。大部分是用二個迴圈指令，配合函數運用，思考一下如何設計程式會得到所要的圖形，這是一項很重要的學習。

下載檔案：（1-10）文字圖形.py、（10-20）文字圖形.py

1（難度：0）

```
*
**
***
****
*****
```

```
for i in range(5+1):
    for j in range(1,i+1):
        print("*",end='')
    print()

print('\n') # 題目間跳行
```

<table>
<tr><td>

#2（難度：3）

```
    *
   * *
  * * *
 * * * *
* * * * *
 * * * *
  * * *
   * *
    *
```

</td><td>

```
for i in range(-4,4+1):
    print(abs(i)*' ',end='')
    for j in range(1,5-abs(i)+1):
        print(" *",end='')
    print()

print('\n') # 題目間跳空白行
```

</td></tr>
<tr><td>

#3（難度：1）

```
1
22
333
4444
55555
```

</td><td>

```
for i in range(1,5+1):
    for j in range(1,i+1):
        print(i,end='')
    print()

print('\n') # 題目間跳空白行
```

</td></tr>
<tr><td>

#4（難度：3）

```
555555555
544444445
543333345
543222345
543212345
543222345
543333345
544444445
555555555
```

</td><td>

```
for i in range(-4,4+1):
    for j in range(-4, 4+1):
        if ( abs(i) > abs(j)) :
            print(abs(i)+1,end='')
        else:
            print(abs(j)+1,end='')
    print()

print('\n') # 題目間跳空白行
```

</td></tr>
<tr><td>

#5（難度：1）

```
A
BB
CCC
DDDD
EEEEE
```

</td><td>

```
for i in range(5):
    for j in range(i+1):
        print(chr(65+i),end='')
    print()

print('\n') # 題目間跳空白行
```

</td></tr>
</table>

# 6（難度：0）	

'''
 *
 *
 *
 *
 *
 	
 *****
 	
 1
 2
 3
 4
 5
 	
 12345
 	
 A
 B
 C
 D
 E
 	
 ABCDE
	for i in range(0,5):
	    print('*')
	print()
	
	for i in range(0,5):
	    print('*',end='')
	print()
	
	for i in range(1,6):
	    print(i)
	print()
	
	for i in range(1,6):
	    print(i,end='')
	print()
	
	for i in range(0,5):
	    print(chr(65+i))
	print()
	
	for i in range(0,5):
	    print(chr(65+i),end='')
	print()

# 7（難度：4） 	
 *
 **
 ***
 *   *
 ** **
 ******
 *   *   *
 ** ** **
 ****
 *   *   *   *
 ** ** ** **
 ****
	for i in range(1,4+1):
	    for j in range(1,3+1):
	        for k in range(i):
	            print(j*'*'+(3-j)*'
	',end='')
	        print()
	
	print('\n') # 題目間跳空白行

8（難度：3）

```
       *
      * *
     *   *
    *     *
   *       *
  *         *
 *           *
* * * * * * * *
```

```
for i in range(1,8):
    print((8-i)*' '+'*'+(((i-1)*2)-1)*' '+(i>1)*'*')
print((i+1)*'* ')

print('\n') # 題目間跳空白行
```

9-0（難度：2）

```
*********
 *******
  *****
   ***
    *
   ***
  *****
 *******
*********
```

```
for i in range(-4,4+1):
    for j in range(-4,4+1):
        if (abs(i)>abs(j)-1):
            print('*',end='')
        else:
            print(' ',end='')
    print()

print('\n') # 題目間跳空白行
```

9-1（難度：2）

```
'''
*       *
**     **
***   ***
**** ****
*********
**** ****
***   ***
**     **
*       *
```

```
for i in range(-4,4+1):
    for j in range(-4,4+1):
        if (abs(i) < abs(j)+1):
            print('*',end='')
        else:
            print(' ',end='')
    print()

print('\n') # 題目間跳空白行
```

9-2（難度：3）

```
'''
  432101234
4 *********
3 **** ****
2 ***   ***
1 **     **
0 *       *
1 **     **
2 ***   ***
3 **** ****
4 *********
```

```
# 左邊圖形上面的數字是提供解題時參考
for i in range(-4,4+1):
    for j in range(-4,4+1):
        if ((abs(i)+abs(j)) < 4 ):
            print(' ',end='')
        else:
            print('*',end='')
    print()

print('\n') # 題目間跳空白行
```

10（難度：3）

```
 9876543210123456789
1********* *********
2 ******** ********
3  ******* *******
4   ****** ******
5    ***** *****
6     **** ****
7      *** ***
8       ** **
9        * *
```

```
# 左邊圖形上面的數字是提供解題時參考

for i in range(1,9+1):
    for j in range(-9,9+1):
        if (j==0) or (i > 9-abs(j)):
            print (' ',end='')
        else:
            print('*',end='')
    print()
```

11（難度：3）

```
    *       *

   * *     * *

  * * *   * * *

 * * * * * * * *

* * * * * * * * * *
```

```
for i in range(1,5+1):
    for j in range(1,2+1):
        print((5-i)*' ',end='')
        for k in range(1,i+1):
            print('* ',end='')
        print((5-i)*' ',end='')
    print()
    print()

print('\n') # 題目間跳行
```

12（難度：2）

```
AAAAA
BBBB
CCC
DD
E
```

```
for i in range(1,5+1):
    for j in range(6-i,0,-1):
        print(chr(i+64),end='')
    print()

print('\n') # 題目間跳行
```

13（難度：2）

```
1
01
101
0101
10101
```

```
x=0
for i in range(1,5+1):
    for j in range(i):
        x=1-x
        print(x,end='')
    print()

print('\n') # 題目間跳行
```

14（難度：1）

```
01111
20222
33033
44404
55550
```

```
for i in range(5):
    for j in range(5):
        if (i==j) :
            print(0,end='')
        else:
            print(i+1,end='')
    print()

print('\n') # 題目間跳行
```

<table>
<tr><td>

15（難度：3）

```
    1
   121
  12321
 1234321
123454321
```

</td><td>

```
for i in range(1,5+1):
    for j in range(-4,4+1):
        if ( i >= abs(j)+1):
            print(i-abs(j),end='')
        else:
            print(' ',end='')
    print()

print('\n') # 題目間跳行
```

</td></tr>
<tr><td>

16（難度：3）

```
    5
   44
  333
 2222
11111
```

</td><td>

```
for i in range(1,5+1):
    for j in range(1,5+1):
        if ((i+j)>=6) :
            print(6-i,end='')
        else:
            print(' ',end='')
    print()

print('\n') # 題目間跳行
```

</td></tr>
<tr><td>

17（難度：2）

```
  1
  2  3
  4  5  6
  7  8  9 10
 11 12 13 14 15
```

</td><td>

```
x=1
for i in range(1,5+1):
    for j in range(1,i+1):
        print('%3d' %(x),end='')
        x=x+1
    print()

print('\n') # 題目間跳行
```

</td></tr>
<tr><td>

18（難度：3）

```
ABCDEFEDCBA
ABCDE EDCBA
ABCD   DCBA
ABC     CBA
AB       BA
A         A
```

</td><td>

```
for i in range(1,6+1):
    for j in range(-5,5+1):
        if ( i<abs(j)+2):

print(chr(65+(5-abs(j))),end='')
        else:
            print(' ',end='')
    print()

print('\n') # 題目間跳行
```

</td></tr>
<tr><td>

19（難度：1）

```
''
S
SC
SCH
SCHOO
SCHOOL
```

</td><td>

```
str='SCHOOL'
for i in range(6):
    print(str[0:i+1])

print('\n') # 題目間跳行
```

</td></tr>
</table>

<table>
<tr>
<td>

20（難度：3）

```
'''
e       e
 d     d
  c   c
   b b
    a
   b b
  c   c
 d     d
e       e
```

</td>
<td>

```
for i in range(-4,4+1):
    for j in range(-4,4+1):
        if ( abs(i)==abs(j)):
            print(chr(97+abs(i)),end='')
        else:
            print(' ',end='')
    print()
```

</td>
</tr>
<tr>
<td>

(21) (難度：4)

```
    *
   1 1
  A B A
 1 2 2 1
* * 0 * *
 1 2 2 1
  A B A
   1 1
    *
```

</td>
<td>

(思考問題)可以看本書附檔程式

</td>
</tr>
<tr>
<td>

(22) (難度：5)

```
*
**
***
1  1
22 22
333 333
A   A   A
BB  BB  BB
CCCCCCCCC
1   2   3   4
11  22  33  44
111 222 333 444
1   1   1   1   1
12  12  12  12  12
123 123 123 123 123
```

</td>
<td>

```
for i in range(1,5+1):
    for j in range(1,3+1):
        for k in range(i):
            if i==1 :
                print(j*'*'+(3-j)*'
',end='')
            if i==2 :
                print(j*str(j)+(3-j)*'
',end='')
            if i==3 :

print(j*chr(64+j)+(3-j)*' ',end='')
            if i==4 :

print(j*str(k+1)+(3-j)*' ',end='')
            if i==5 :

print('123'[0:j]+(3-j)*' ',end='')
        print()

print('\n') # 題目間跳空白行
```

</td>
</tr>
</table>

如果你已經完成上面 20 題，而且可以自行設計程式，恭喜你，你已經具備程式設計的基本門檻！

11-3 習題

1. 練習寫一程式印出。

```
1
12
123
1234
12345
1234
123
12
1
```

2. 練習寫一程式印出。

```
    *
   **
  ***
 ****
*****
```

3. 練習寫一程式印出。

```
a
ab
abc
abcd
abcde
abcd
abc
ab
c
```

4. 練習寫一程式印出。

```
123456789
2       8
3       7
4       6
5       5
6       4
7       3
8       2
987654321
```

5. 練習寫一程式印出。

```
abcdefghi
 b     h
  c   g
   d f
    e
   d f
  c   g
 b     h
abcdefghi
```

6. 練習寫一程式印出。

```
  *
 * *
* * *
 * *
  *
```

7. 練習寫一程式印出。

```
*********
**** ****
***   ***
**     **
*       *
**     **
***   ***
**** ****
*********
```

8. 練習寫一程式印出

```
      *
     * *
    *   *
* * * * * * * * * *
 *   *       *   *
  * *         * *
   *           *
  * *         * *
 *   *       *   *
* * * * * * * * * *
    *   *
     * *
      *
```

程式邏輯發展練習

12

CHAPTER

本書精選實用的練習題目，練習題歸納成不同類型，網路上國外範例的解題說明都是用英文撰寫，變數英文長度略長，不利於學生閱讀，而且會和保留字混淆。因此我們將本書練習題型歸納成下面五類，重新整理成比較適合國內高中學生閱讀的格式：

一、語言熟悉題型：沒有學過程式語言或者第一次接觸 Python

二、基本題型：運用語言指令發展程式邏輯

三、入門題型：剛開始學習程式語言會碰到的思考問題

四、進階題型：必須用到簡單演算法解題

五、特殊題型：Python 語言特殊應用指令

12-1 語言熟悉題型

前面九道題目都是練習指令、語法和了解程式的架構，還有輸出入的運用。

第一題：印出 Hello

【題目說明】用 print() 指令印出字串

【程式範例】1-Hello.py

```
# This program prints Hello, Python 3!!
print('Hello, Python 3!')
```

【執行結果】

```
Hello, Python 3!
```

【指令說明】

這個題目是給第一次學習 Python 指令的人，每個人都必須嘗試練習。

第二題：交換兩個變數

【題目說明】有兩個數 x 和 y，要把兩個數的內含數值交換

【程式範例】2-交換兩個變數.py

```
# 交換兩個變數
x = 5 ; y = 10
print(' x 交換前: {}'.format(x))
print(' y 交換前: {}'.format(y))
print()

temp = x ; x = y ; y = temp       # Python 有一特殊的交換方法: x,y=y,x

print(' x 交換後: {}'.format(x))
print(' y 交換後: {}'.format(y))
```

【執行結果】

```
 x 交換前: 5
 y 交換前: 10

 x 交換後: 10
 y 交換後: 5
```

【指令說明】

temp = x ; x = y ; y = temp 是最典型的資料交換方法，Python 有一特殊的交換方法：x,y=y,x，各位可以試試看！

第三題：判斷正負數

【題目說明】輸入一個數字，判斷這個數是 0，還是正數和負數？

【程式範例】3-判斷正負數.py

```
# 檢查零、正或負數
num = float(input("輸入一個數: "))
if num > 0:
    print(num, "是正數")
elif num == 0:
    print("零")
else:
    print(num, "是負數")
```

【執行結果】

```
輸入一個數: -5
-5.0 是負數
```

【指令說明】

這個程式主要在練習 if 的指令架構，包括：if、elif、else，各種程式語言的指令重點只有三個：設定、判斷和迴圈。學習 if 指令用法相當重要。

各位更要留意 if 指令的最後一個字是：（冒號），指令用冒號結尾下一行要內縮 4 個空白。

第四題：判斷奇數偶數

【題目說明】輸入一個數字判斷這個數是奇數還是偶數

【程式範例】4-判斷奇數偶數.py

```
# 奇數還是偶數

n = int(input("輸入一個數:"))       # 這一行是用 input 顯性輸入
if (n  % 2) == 0:                  # 判斷 N 除 2 的餘數是不是 0?
    print("{0} 是偶數".format(n))
else:                   # 參照.format 的元素是用集合的大括號{ }
    print("{0} 是奇數".format(n))
```

【執行結果】

```
輸入一個數:13
13 是奇數
```

【指令說明】

程式有三個學習重點：

1. 第一行： 是用 input 顯性輸入，使用者輸入時會有提示文字
2. 第二行： if (n % 2) == 0：是指令架構，% 計算餘數
3. 第三行：是 format 印出的格式

如果餘數等於 0 印出偶數，不等於 0 印出奇數。

第五題：三個數字中找最大數

【題目說明】在程式中設定 3 個數值：n1、n2、n3，找出三個數中的最大數

【程式範例】5-三個數字中找最大數.py

```
# 找到三個數字中的最大數
n1 = 23 ; n2 = 8 ; n3 = 41

if (n1 >= n2) and (n1 >= n3):
    lar = n1
elif (n2 >= n1) and (n2 >= n3):
    lar = n2
else:
    lar = n3

print(n1,",",n2,"和",n3,"三數中最大數是",lar)
```

【執行結果】

```
23 , 8 和 41 三數中最大數是 41
```

【程式說明】

程式第一行設定三個數值，程式中段用 if 指令分別判斷何者為最大數，把最大數存在 lar（l 是小寫的 L）變數字中。

邏輯很簡單，可以用中文敘述：

如果 n1 大於其他二個數，

　　那麼最大數就是 n1；

否則如果 n2 大於另外兩個數，

　　最大數就是 n2，

如果沒有滿足上面兩個條件，

　　剩下的 n3 是最大數。

印出最大數值。

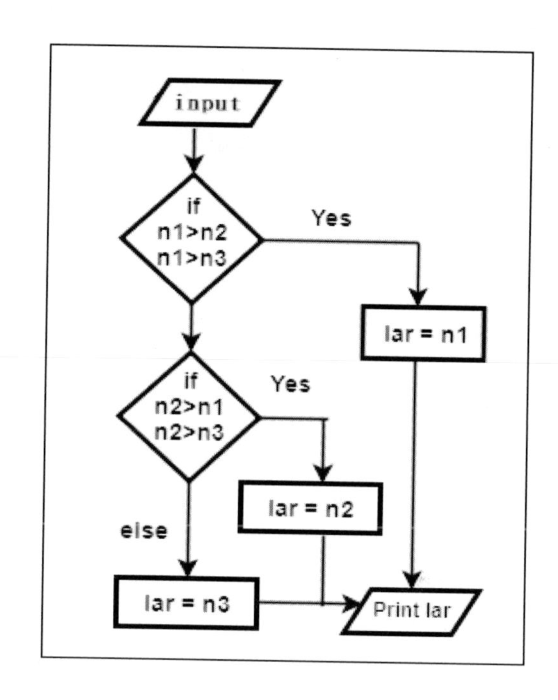

Python 語法是相當高階的語法，也就是接近人類語法，讀者可以比較二段文述，上面的指令說明是用中文寫成；而更上面的程式範列則是用 Python 編寫，兩者對照如出一轍。

第六題：判斷是否閏年

【題目說明】輸入一個年份，判斷這一年是否為閏年？

【程式範例】6-判斷是否閏年.py

```
# 判斷是否閏年?

'''
閏年規則如下：
西元年份除以 4 不可整除，為平年。
西元年份除以 4 可整除，且除以 100 不可整除，為閏年。
西元年份除以 100 可整除，且除以 400 不可整除，為平年
西元年份除以 400 可整除，為閏年。
'''
year=int(input('請輸入年份:'))

if (year % 4) == 0 :
    if (year % 100) == 0:
        if (year % 400) == 0:
            print(year, "是閏年")
        else:
            print(year, "不是閏年")
```

```
    else:
        print(year, "是閏年")
else:
    print(year, "不是閏年")
```

【執行結果】

```
請輸入年份:2019
2019 不是閏年
```

【程式說明】

判斷閏年的公式就放在程式上面，利用三個單引號 ''' 做多行註解，請留意這五行說明的上下都有註解符號。

閏年的判斷方式就根據計算公式，判斷年份是否能分別被 4、100、400 整除，用了三行巢狀內縮的 if 判斷格式，學習者務必熟悉這種指令架構。有些程式加入公元年除以 400 可整除，但除以 3200 不可整除，為閏年。公元年分除以 3200 可整除，為平年。

第七題：檢查是否質數

【題目說明】檢查輸入數字是否為質數

【程式範例】7-檢查是否為質數.py

```
#  檢查輸入數字是否為質數
num = 41

# 質數數字大於 1
if num > 1:
    # 檢查質數
    for i in range(2,num):               # i 從 2 到 41
        if (num % i) == 0:               # 如果 41 能被 i 整除，那就不是質數
            print(num,"不是質數")          # 印出不是質數
            print(i,"x",num//i,"是",num)
            break                        # 跳出 for 迴圈
    else:
        print(num,"是質數")               # i 從 2 到 41 都不能被整除，就是質數
# 如果所輸入數小於或等於 1，就不是質數
else:
    print(num,"不是質數")
```

【執行結果】

```
41 是質數
```

【程式說明】

質數（Prime number）為只有 1 與該數本身兩個正因數的數。例如 5 是質數，因為其因數只有 1 與 5。而 6 則不是質數，因為除了 1 與 6 外，2 與 3 也是其因數。所以要計算一個數是不是質數，就從一開始到這個數的前一個數 num-1，如果 num 被除數無法被任何一個 1 到 num-1 的數整除，那麼 num 就是質數。

第八題：檢查阿姆斯壯數

【題目說明】用 print() 指令印出字串

【程式範例】8-檢查阿姆斯壯數.py

```
# 是否為阿姆斯壯數
sum = 0 ; num = 407 ; temp = num

while temp > 0:
    digit = temp % 10
    sum += digit ** 3
    temp = temp // 10 # 也可寫成 temp //= 10

if num == sum:
    print(num,"是阿姆斯壯數")
else:
    print(num,"不是阿姆斯壯數")
```

【執行結果】

```
407 是阿姆斯壯數
```

【程式說明】

在 n 位的整數中，若加總每個數字的 n 次方後等於該整數，該整數稱為阿姆斯壯數（Armstrong number），又稱水仙花數（Narcissistic number）。例如 153 可以滿足三次方後等於該整數，$1^3 + 5^3 + 3^3 = 153$ 就是個阿姆斯壯數，自然數阿姆斯壯數有 88 個，最大為 39 位數。

sum= 0	num=407	temp=407
digit= 7	343	40
digit= 0	343	4
digit= 4	407	0

各位可以找找看 4 位數中的阿姆斯壯數有哪些？

下面有兩種特殊的算法值得參考，第一種方法是用「字串」，方法簡單，指令簡潔，僅有一行；第二種方法是用「數值」，又有二種策略，一種是用餘數；另外一種用商數，兩種方法不管由右向左或由左向右都可以解題。

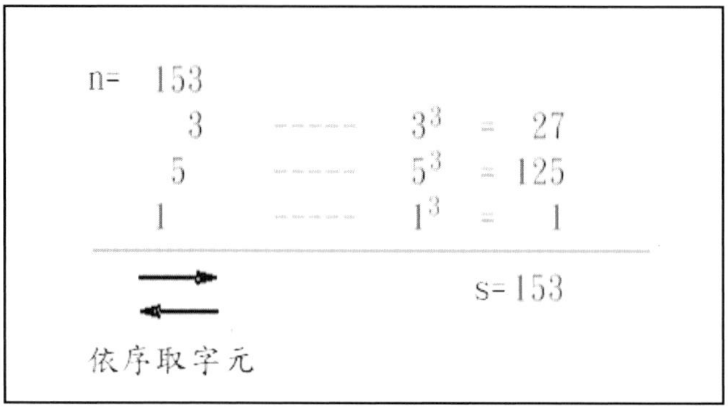

```
n=  153
  3   -----  3^3  =  27
  5   -----  5^3  = 125
  1   -----  1^3  =   1
----------------------------
  →→
  ←←              s=153
依序取字元
```

【思考問題】想想這個程式 (8-檢查阿姆斯壯數-1.py)

```
n=407 ; s=0
# 方法 1: 用字串處理，依序取字元
for i in range(3):
      s=s+int(str(n)[i:i+1])**3
if s==n: print(n ,"是阿姆斯壯數")

# 方法 2: 用數值處理，依序取數值位元
##      2-1 :  依餘數順序取數值位元

d,s=0,0
for i in range(1,4):
    d=(n%(10**i)-n%(10**(i-1)))//(10**(i-1)); # print(d)
    s=s+d**3 ; # print(s)
if s==n: print(n ,"是阿姆斯壯數")

##      2-2 :  依商數順序取數值位元
m,s=0,0
```

```
for i in range(0,3):
    m=(n//(10**i))-(((n//(10**i))//10)*10); # print(m)
    s=s+m**3 ; # print(s)
if s==n: print(n ,"是阿姆斯壯數")
-------------------------------------------------------------
407 是阿姆斯壯數
407 是阿姆斯壯數
407 是阿姆斯壯數
```

第九題：字元的 ASCII 值

【題目說明】輸入一個 0～127 的數字，程式會顯示這個字的 ASCII 碼

【程式範例】9-字元的 ASCII 值.py

```
# 查特定字元的ASCII 值
c = 'A'
print( c + " 的ASCII 值=",ord(c))
c = 'a'
print( c + " 的ASCII 值=",ord(c))
n = 65
print( "ASCII",n,"的字元=",chr(65))
```

【執行結果】

```
A 的ASCII 值= 65
a 的ASCII 值= 97
ASCII 65 的字元= A
```

【程式說明】

在本書後面的附錄中有列出 ASCII 的對照表，是電腦存放英文字母數字符號的交換碼，請到網路上去搜尋 ASCII 的真實意義，將有助於往後的程式撰寫練習。本書附檔有一用迴圈印 ASCII 的列表程式（9-ASCII 值列表.py）。

附錄二: ASCII 字元 字碼 對照表

Char	Dec	Hex	Char	Dec	Hex	Char	Dec	Hex	Char	Dec	Hex
(nul)	0	0	(sp)	32	20	@	64	40	‘	96	60
(soh)	1	1	!	33	21	A	65	41	a	97	61
(stx)	2	2		34	22	B	66	42	b	98	62
(etx)	3	3	#	35	23	C	67	43	c	99	63

12-2 基本題型

從第十題開始為基本提醒學習基本語法和指令。

第十題：兩個數相加

【題目說明】有兩個數 a 和 b，計算兩數和並印出結果

【程式範例】10-二數相加.py

```
# 計算兩數和
a=18
b=35

s= a+b
print(' a + b =', s)
```

【執行結果】

```
a + b = 53
```

第十一題：算平方根

【題目說明】有一個整數 n，計算該數的平方根並印出結果

【程式範例】11-開平方.py

```
#  計算平方根
n = 7
print('n  ** 0.5 =', n**0.5 )

r=  n**0.5
print('n  ** 0.5 = %0.5f' %r )
```

【執行結果】

```
n  ** 0.5 = 2.6457513110645907
n  ** 0.5 = 2.64575
```

【指令說明】

上面的範例，有兩個 print 指令，第一個用 n 的 ½ 次方方式印出，這是最簡單的方法。第二個先把計算結果存入 r 變數中，再用 %0.5f 浮點數的指定格式，小數點以後印出五位就是 .64575。

第十二題：十進制數轉換

【題目說明】輸入一個十進位的數，再把這十進位數轉換成二、八、十六進制

【程式範例】12-十進制數轉換.py

```
# 十進制轉其他進制
dec = 168

print("十進制:",dec,":")
print("二進制=",str(bin(dec)))     # 0b 代表二進制
print("八進制=",str(oct(dec)))     # 0o 代表八進制
print("十六進制=",str(hex(dec)))   # 0x 代表十六進制
```

【執行結果】

```
十進制: 168 :
二進制= 0b10101000
八進制= 0o250
十六進制= 0xa8
```

【程式說明】

在初學者五題基本程式中，有介紹各個不同進制中的數值轉換的自訂函數撰寫方法，這一題只有用到 Python 系統內建函數，只要知道 bin()、oct()、hex() 用法即可。

第十三題：算自然數之和

【題目說明】從一開始算到某一個數字的總和

【程式範例】13-算自然數之和.py

```
# 算自然數之總和
num = 10                        # 加到 10
sum=0
while(num > 0):                 # num >0 進行迴圈運算
    sum += num                  # 複合運算 sum=sum+num
    num -= 1                    # 複合運算 num=num-1
print("總和=",sum)
```

【執行結果】

```
總和= 55
```

【程式說明】

這個題目比較特殊，用 while 指令運算總和，迴圈每加一次 num，就會將 num 減 1，直到 num=0 停止。本題有用複合運算+=、-=。

第十四題：輸入度數的三角函數

【題目說明】設計函數計算三角函數，引數能用度數輸入

【程式範例】14-輸入度數的三角函數.py

```
# 度數的三角函數
import math                        # 要使用三角函數必須先引入 math 套件

def dsin(theta):                   # 自訂副程式 dsin(theta)引數是度數
    a=math.pi/(180/theta)          # 在這裡把度數轉成徑度
    return math.sin(a)             # 傳回數值直接從 math 三角函數值傳回即可

print('Sin(30)=',dsin(30))
print('Sin(45)=',dsin(45))
print('Sin(60)=',dsin(60))
```

【執行結果】

```
Sin(30)= 0.49999999999999994
Sin(45)= 0.7071067811865475
Sin(60)= 0.8660254037844386
```

【程式說明】

圓周的計算方式一般有：以（度）度量為單位一圓周為 360 度（DEG）；以（徑）度量為單位一圓周為 2π（PI=3.14）（RAD）。大部分的程式語言在計算三角函數時，都使用（徑）度量，這樣不太方便，要計算三角函數的時候都必須先把（度）度量轉成（徑）度量。例如 sin（30），在電腦必須寫成 sin（3.1415/6）才能算出結果，題目的要求就是可以輸入（度）度量，就能夠算出函數值。可以在 Python Shell 試看看：

```
>>> import math
>>> math.sin( 3.1415/6)
0.49998662654663256
```

第十五題：簡單計算器

【題目說明】設計一個簡單的計算器，進行加，減，乘和除

【程式範例】15-簡單計算器.py

```
# 一個簡單的計算器，可以使用函數'''進行加，減，乘和除'''

# 函數: 兩個數字相加
def add(x, y):
   return x + y

# 函數: 兩個數字相減
def subtract(x, y):
   return x - y

# 函數: 兩個數字相乘
def multiply(x, y):
   return x * y

# 函數: 兩個數字相除
def divide(x, y):
   return x / y

print("選擇操作:")
print("1.相加")
print("2.相減")
print("3.相乘")
print("4.相除")

# 選擇計算方式
choice = input("選擇計算方式(1/2/3/4):")

num1 = int(input("輸入第一個數字: "))
num2 = int(input("輸入第二個數字: "))

if choice == '1':
   print(num1,"+",num2,"=", add(num1,num2))

elif choice == '2':
   print(num1,"-",num2,"=", subtract(num1,num2))

elif choice == '3':
   print(num1,"*",num2,"=", multiply(num1,num2))

elif choice == '4':
   print(num1,"/",num2,"=", divide(num1,num2))
else:
   print("輸入錯誤")
```

【執行結果】

```
選擇操作:
1.相加
2.相減
3.相乘
4.相除
選擇計算方式(1/2/3/4):1
輸入第一個數字: 23
輸入第二個數字: 45
23 + 45 = 68
```

【程式說明】

這是一個簡單的程式，邏輯順序清楚，程式主要應用 if 迴圈指令和副程式的定義，值得參考學習。

第十六題：公里轉換英哩

【題目說明】已經知道公里數，要轉換成英哩數

【程式範例】16-公里轉換英哩.py

```
# 將公里數轉換為英哩數
k = 3.6
c = 0.621371

m = k * c
print('%0.3f 公里=  %0.3f 英哩' %(k,m))
```

【執行結果】

```
3.600 公里 =  2.237 英哩
```

【指令說明】

這種題目常見於程式語言初學的教科書中，指令中第二和三行是關鍵，m= k * c 這是簡單的算術，只是要讓學習者了解算術運算的指令。

這一題的重點在於了解 %0.3f 的輸出格式，小數點以後佔三位。

第十七題：攝氏轉換華氏

【題目說明】已知攝氏溫度要轉成華氏溫度

【程式範例】17-攝氏轉換華氏.py

```
# 攝氏溫度轉換為華氏溫度
c = 37.2

f = (c * 1.8) + 32
print('攝氏 %0.1f 度= 華氏 %0.1f' %(c,f))
```

【執行結果】

```
攝氏 37.2 度= 華氏 99.0
```

【指令說明】

大家應該都知道轉換公式 f = (c * 1.8) + 32，知道總和公式不能算出華氏溫度，%0.1f 是指小數點以後佔一位，%(c,f) 是指 c & f f 兩個數值參照前面的格式。

第十八題：計算三角形面積

【題目說明】有一個三角形其三邊長分別為：a、b、c，請計算這個三角形的面積

【程式範例】18-計算三角形面積.py

```
# 海龍公式
a = 3 ; b = 6 ;c = 4

s = (a + b + c) / 2
area = (s*(s-a)*(s-b)*(s-c)) ** 0.5
print('面積 = %0.2f' %area)
```

【執行結果】

```
面積 = 5.33
```

【指令說明】

程式很簡單只有四行，第一行設定三邊長 a、b、c 的數值，第二行設定 S 的值。

海龍公式：計算三角形面積的公式

設三角形三邊長為 a、b、c，且 s=(a+b+c)/2

則此三角形面積=[s(s-a)(s-b)(s-c)]^1/2

第十九題：解一元二次方程式

【題目說明】一元二次方程式 $ax^2 + bx + c = 0$，請計算 x 的兩個解

【程式範例】19-解一元二次方程式.py

```
# 一元二次方程式的根
a = 1; b = -2; c = -15
d = (b**2) - (4*a*c)

s1 = (-b-(d**0.5))/(2*a)
s2 = (-b+(d**0.5))/(2*a)

print('兩個實根分別為: {0} and {1}'.format(s1,s2))
```

【執行結果】

```
兩個實根分別為: -3.0 and 5.0
```

【指令說明】

實數的一元二次方程式的根：

$D = b^2 - 4ac$

1. 當 $D > 0$ 時，方程式有兩相異實根 $-b \pm\sqrt{b^2 - 4ac} / 2a$。
2. 當 $D = 0$ 時，方程式有兩相等實根 $x = -b / 2a$。
3. 當 $D < 0$ 時，方程式有兩共軛虛根 $-b \pm(\sqrt{4ac - b^2})\, i / 2a$。

本題解題是假設 $D > 0$ 所以解法比較簡單。

最下面一行是用.format()格式列印，如果不了解要去閱讀前面 print()指令列印方式。

第二十題：顯示乘法表

【題目說明】用 print() 指令印出乘法表

【程式範例】20-顯示乘法表.py

```
# 乘法表

for i in range(1, 10):
    for j in range( 1,10):
        print('%2dx%2d=%2d' %  (i,j,i*j), end=' ') # %2d 印出整數佔兩格
    print()
```

【執行結果】

```
1x 1= 1 1x 2= 2 1x 3= 3 1x 4= 4 1x 5= 5 1x 6= 6 1x 7= 7 1x 8= 8 1x 9= 9
2x 1= 2 2x 2= 4 2x 3= 6 2x 4= 8 2x 5=10 2x 6=12 2x 7=14 2x 8=16 2x 9=18
3x 1= 3 3x 2= 6 3x 3= 9 3x 4=12 3x 5=15 3x 6=18 3x 7=21 3x 8=24 3x 9=27
4x 1= 4 4x 2= 8 4x 3=12 4x 4=16 4x 5=20 4x 6=24 4x 7=28 4x 8=32 4x 9=36
5x 1= 5 5x 2=10 5x 3=15 5x 4=20 5x 5=25 5x 6=30 5x 7=35 5x 8=40 5x 9=45
6x 1= 6 6x 2=12 6x 3=18 6x 4=24 6x 5=30 6x 6=36 6x 7=42 6x 8=48 6x 9=54
7x 1= 7 7x 2=14 7x 3=21 7x 4=28 7x 5=35 7x 6=42 7x 7=49 7x 8=56 7x 9=63
8x 1= 8 8x 2=16 8x 3=24 8x 4=32 8x 5=40 8x 6=48 8x 7=56 8x 8=64 8x 9=72
9x 1= 9 9x 2=18 9x 3=27 9x 4=36 9x 5=45 9x 6=54 9x 7=63 9x 8=72 9x 9=81
```

【程式說明】

這個題目是給初學 Python 指令的人練習 print 指令格式 %2d，迴圈中 i 和 j，以及 i x j 的乘績都有印出。

12-3 入門題型

剛開始學習程式語言會碰到的思考問題，必須用到簡單的演算法解題。

第二十一題：找數字的因數

【題目說明】給予一數，找出一到此數間的因數

【程式範例】21-找數字的因數.py

```python
# 找數字的因數

def factor(x):
    print(x,"的因數有:")
    for i in range(1, x + 1):
        if x % i == 0:
            print(i, end=' ')

num = 240
factor(num)
```

【執行結果】

```
240 的因數有:
1 2 3 4 5 6 8 10 12 15 16 20 24 30 40 48 60 80 120 240
```

【程式說明】

這一期的特色是執行一個程序，這個程序呼叫一個函數 print_f(x)，x 是函數的引數，進入迴圈後會從 1 到 x 之間找出 num 的因數。

```
1 2 3 4 5 6 8 10 12 15 16 20 24 ..... 240
1--------------->  去除 240 如果能整除就印出
```

副程式的架構是：

```
def factor():
    (函數的敘述區塊)
    return
```

這裡的副程式並沒有看到 return，主要原因是：要傳回的變數或值就需要用 return。這裡的副程式主要的功能是列印因數，列印的工作都在副程式中執行並沒有傳回數值。

```
240 的因數搜尋：
                 1 2 3 4 5 6 7 8 9 10 11   240
是否 x%i==0?     y y y y y y n y n  y  n----->
   (若 y 則是 因數)
```

第二十二題：找出間隔內質數

【題目說明】在設定的區間中算出質數

【程式範例】22-找出間隔內質數.py

```
# 顯示間隔內的所有質數
low = 50
up = 100

# low = int(input("輸入開始範圍: "))
# up = int(input("輸入結束範圍: "))

print(low,"至",up," 間隔內的所有質數:")

for n in range(low, up + 1):
    if n > 1:
        for i in range(2,n):        # 可改 for i in range(2,int(n/2))，效率提高
            if (n % i) == 0:
                break               # 如果(n % i)==0 跳出迴圈
        else:
            print(n, end=' ')
```

```
    50 51 52 53 54 55 56 57 58 59 60 ..... 100
n=  50--------------> 每位數
去被 i= 2---> 100 除 如果都不能整除就印出 n
```

【執行結果】

```
50 至 100  間隔內的所有質數:
53 59 61 67 71 73 79 83 89 97
```

【程式說明】

尋找質數一直都是程式設計學習的第一個數學相關程式，這是一個非常值得練習的，因為它包含了：輸出入、迴圈、判斷、中斷指令。

程式運算資料輸入的方法有兩種：一種是在程式內設定；另外一種在執行程式時由程式執行人員從鍵盤輸入。這種輸入方法又分顯性輸入和隱性輸入，顯性輸入就是輸入資料之前提示輸入資料訊息 low = int(input("輸入開始範圍: "))，為了擔心使用者操作時輸入資料格式有誤，本書大部分的資料都在程式中設定，如果有需要，學習者可以自行變更輸入方法改成顯性輸入。

第二十三題：最大公因數（GCD）

【題目說明】計算兩數的最大公因數 GCD

【程式範例】23-最大公因數(GCD).py

```
# 求 GCD(輾轉相除法)

# 可以試 x=546 ; y=429  or x=9 ; y=24
x=12; y=18

if (x>y):
    # 先比較二數，把比較大的數放在 y 當被除數，x 當除數
    x,y = y,x

m=x; x=y
while(m>0):
    # 每運算過一次以後，就必須把除數 x 換成被除數，餘數當作除數
    y=x ; x=m ; m=y % x

print('GCD=',x)
```

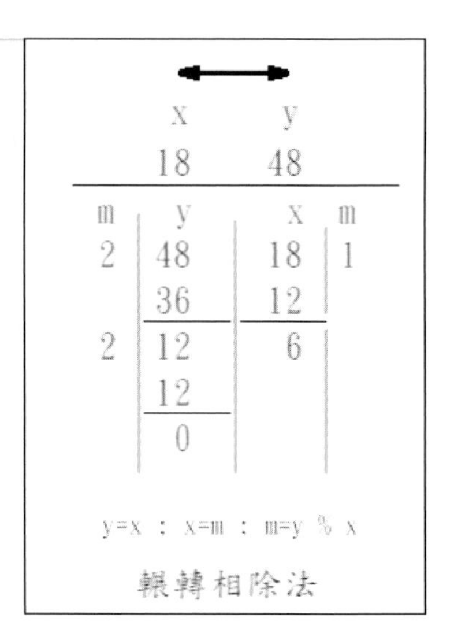

【執行結果】

```
GCD= 6
```

【程式說明】

最大公因數（GCD）的計算方法在初學者五題基本題型就有提到，在那裡的算法是使用暴力逼近法，所謂暴力逼近就是最簡單粗俗的方法，會佔用系統時間效率不高，在國中老師就教過要計算最大公因數 GCD 的兩種方法：短除法和輾轉相除法，這裡使用的是輾轉相除法，看人家寫好的程式很容易，但自己要寫出來可不簡單，嘗試看看能不能自己用不同的方法寫出來。

第二十四題：函數計算（GCD-LCM）

【題目說明】計算兩數的最小公倍數，利用 def gcd()函數

【程式範例】24-函數算(GCD-LCM).py

```
# 計算 gcd,lcm

def gcd(m, n):  # 最簡潔的 gcd 遞迴函數
    return m if ( n == 0 ) else gcd(n, m % n)

def lcm(m, n):
    return m * n // gcd(m, n)

m = 56
n = 24

print(m,"&",n ,"的 GCD= ", gcd(m, n))
print(m,"&",n ,"的 LCM= ", lcm(m, n))
```

【執行結果】

```
56 & 24 的 GCD=  8
56 & 24 的 LCM=  168
```

【程式說明】

Lowest Common Multiple（LCM）是最小公倍數，程式裡面放了兩個函數：gcd 和 lcm，這種寫法技巧相當高明，都只用到兩行程式用遞迴方式，也就是副程式呼叫副程式本身，然後在 return 指令決定折返點。程式主要運算邏輯是：m * n = gcd * lcm。

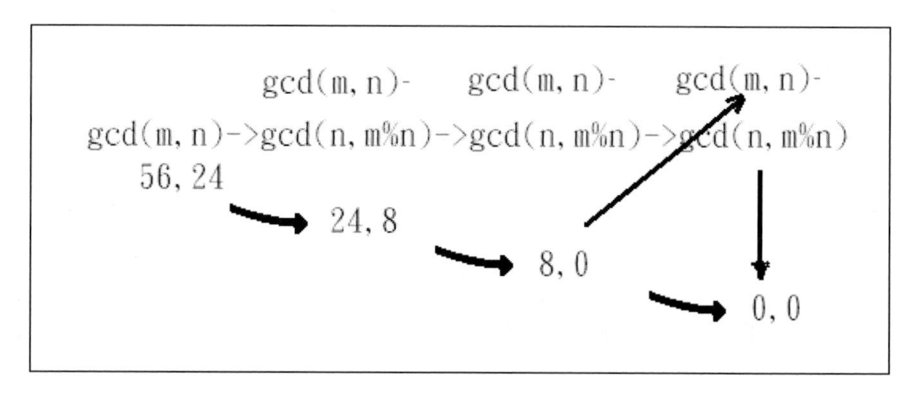

第二十五題：印出 50 階乘

【題目說明】在畫面上印出 1 到 50 階層的數值

【程式範例】25-50 階乘.py

```
# 50 階乘
fact=1
for n in range(1,51):
      fact = fact*n
      print("%2d!= %d" %(n,fact))
```

【執行結果】

```
 1!= 1
 2!= 2
 3!= 6
 4!= 24
 5!= 120
 6!= 720
 7!= 5040
 8!= 40320
 9!= 362880
10!= 3628800
11!= 39916800
12!= 479001600. (延伸到 50!)

(印到 50 階乘，為節省篇幅中間省略)
49!= 608281864034267560872252163321295376887552831379210240000000000
50!= 30414093201713378043612608166064768844377641568960512000000000000
```

【程式說明】

大數運算題型，也就是程式中處理的數據資料大過於整數範圍（-32768~32767），或者甚至大過於長精實數，由於系統資料範圍的限制，過長和過大的數據都必須由程式設計者應用程式技巧以陣列或字串方式處理，印出題目所要求的數值，略有程式基礎的人都寫過。這一題用 Python 來寫非常明顯，發揮 Python 程式語言的優勢，因為在 Python 中數值型態自動轉換，不需要使用者費神定義資料型態，這大大的減輕了程式設計者的負擔。這一題如果在 C 語言撰寫程式可能很長，但是在 Python 只有五行，各位務必學習程式語法。

第二十六題：費氏數列

【題目說明】找出費氏數列

【程式範例】26-費氏數列.py

```
# 最簡單的費氏數列

n1 = 0 ; n2 = 1
print(n1,end=' ')
for i in range(1,17):
    print(n2,end=' ')
    n=n2
    n2=n1+n2
    n1=n
```

```
# 費氏數列（ 常犯的錯誤，會有 競態條件 出現）

n1 = 0 ; n2 = 1
print(n1,n2, end=' ')
for i in range(1,17):
    print(n2,end=' ')
    n1=n2
    n2=n1+n2

# 執行結果:
# 0 1 1 2 4 8 16 32 64 128 256 512
```

【執行結果】

```
0 1 1 2 3 5 8 13 21 34 55 89 144 233 377 610 987
```

【程式說明】

費式數列的英文叫做 Fibonacci，定義是有一個系列從 0、1 開始，後面的數為前兩個數的和，這一個例子用 range 迴圈 1 到 17，總共算出 16 個也就是 1000 內的費式數。有時候程式看似簡單，但邏輯思考確實不容易，要自己寫一次，可以有很多不同的寫法。競態條件（Race Condition）指的是：在資料運算的過程，資料輸出會因為資料出現的順序或者出現的時機，彼此競爭，影響輸出的現象。此處 n2＝n1＋n2 在上一行 n1 已經改變，這是競態現象產生所以多加一行,n1＝n，避免 n1 在還沒有存到 n2 之前就先改變。

第二十七題：找出阿姆斯壯數

【題目說明】找出某一個區間中的阿姆斯壯數

【程式範例】27-找阿姆斯壯數.py

```
# 1~1000 之間的阿姆斯壯數
sum = 0                                  # 設 sum 等於零
for num in range(1,1000):
    temp = num
    while temp > 0:
        digit = temp % 10
        sum = sum + digit ** 3           # 也可寫成 sum += digit ** 3
        temp = temp // 10                # 也可寫成 temp //= 10
    if num == sum:
        print(num,end=' ')
    sum=0
```

【執行結果】

```
1 153 370 371 407
```

【程式說明】

在 1 到 1000 之間找出阿姆斯壯數，本例是用 三位數 n 的 3 次方(1＝001)，剛開始設定 sum 等於零，num 從 1 到 1000，第 7 行也可以用複敘述 ＋＝，程式執行結果一樣。 阿姆斯壯數的定義，自然數 n 滿足條件：$n=d_k^k+d_{k-1}^k+...+d_2^k+d_1^k$ (n,d,k 皆為自然數)。若將條件放寬，一個 N 位數，其各個數之 M次方和等於該數，M 和 N 不一定相等，例如數字 4150 等於各位數字的 5 次方例如：

$4150=4^5+1^5+5^5+0^5$

(27-找阿姆斯壯數-0.py)

```
# 三位數 三次方阿姆斯壯數
for n in range(1,1000):
    s=0
    for i in range(3):
        # 1~99 補到三位數
        ns=str(n);ns='0'*(3-len(ns))+ns
        s=s+int(ns[i:i+1])**3
    if s==n: print(ns ,"是阿姆斯壯數")
```

第二十八題：遞迴算總和

【題目說明】用遞迴方式算總和

【程式範例】28-遞迴算總和.py

```
# 遞迴算總和
n=10

def sum(n):
    if (n<1 ) :
      return 0
    return sum(n-1)+n

print(sum(n))
```

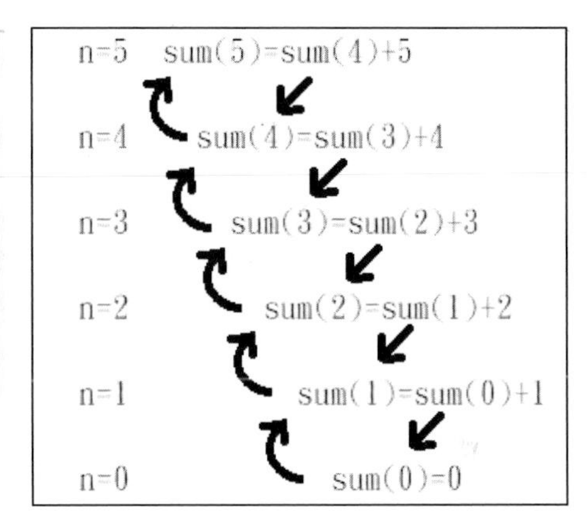

【執行結果】

```
15
```

【程式說明】

這一題相當重要，是學習建立遞迴觀念的最基本題目。所謂的遞迴就是副程式呼叫自身副程式，在本題中就是 sum() 副程式又呼叫自己 sum()，必須設定呼叫的終止點，才會停止並且傳回，否則會造成無窮盡的運算，一般稱為死結。一般初學者對於遞迴會有學習的盲點，不容易突破要多加練習才能靈活運用。

```
sum(10)=sum(0)+1+2+3+4+5+6+7+8+9+10

sum(10)=sum(9)+10
 ->  sum(9)=sum(8)+9
   ->  sum(8)=sum(7)+8
     ->  sum(7)=sum(6)+7
       ->  sum(6)=sum(5)+6
         ->  sum(5)=sum(4)+5
           ->  sum(4)=sum(3)+4
             ->  sum(3)=sum(2)+3=0+1+2+3   ←
               ->  sum(2)=sum(1)+2=0+1+2   ←
                 ->  sum(1)=sum(0)+1=0+1   ←
                   ->  sum(0)=0            ← return
```

第二十九題：函數印費氏數列

【題目說明】用函數印出費式數列

【程式範例】29-函數印費氏數列.py

```
# 函數印出費氏數列

def fib(n):                     # 自訂函數
    a, b = 0, 1
    while a < n :
        print(a, end=' ')       # 不跳行跟著印
        a, b = b, a+b           # 兩數交換
    print()
fib(1000)
```

【執行結果】

```
0 1 1 2 3 5 8 13 21 34 55 89 144 233 377 610 987
```

【程式說明】

要計算費式數列的方法有非常多種，這一題是利用 fib 自訂函數來列印。def fib() 由於沒有傳回數值函數中可以沒有 return 指令。程式邏輯可參考：9.2 費氏數列的說明。

第三十題：用遞迴算階層

【題目說明】用遞迴方式計算階層

【程式範例】30-用遞迴算階層.py

```
# 用遞迴算階層

def recu_f(n):
   if n == 1:
       return n
   else:
       return n*recu_f(n-1)

num = 6
print(num,"階層= ",recu_f(num))
```

【執行結果】

```
6 階層=  720
```

【程式說明】

初學遞迴觀念都會用算總和(sum) 和算階層 (factorial)做為學習遞迴的基礎，務必自己練習寫一次。

第三十一題：遞迴算二進位

【題目說明】用遞迴將十進制轉換為二進制

【程式範例】31-遞迴算二進位.py

```
# 遞迴算二進位

def dtb(n):
    if n > 1:
        dtb(n//2)
    print(n % 2,end = '')

# 輸入進位數
dec = 18
dtb(dec)
```

【執行結果】

```
10010
```

【程式說明】

人類使用十進制進行算術運算，可是電腦是用二進位，兩者之間有所不同。基本上二進位、八進位和十六進位轉換容易，但十進位轉換成二進位就必須要用「連除法」，二進位轉換成十進位就要用「連乘法」，也就是加權。這一部分在電子計算機概論都有探討，請在網路上搜尋運算邏輯。

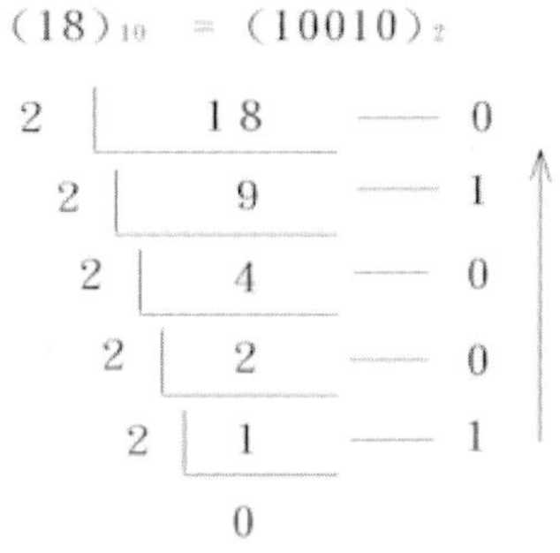

$(18)_{10} = (10010)_2$

```
2 | 18 —— 0
 2 | 9 —— 1
  2 | 4 —— 0
   2 | 2 —— 0
    2 | 1 —— 1
        0
```

```
先印 1
bin(18)        print(n%2) 印 0  <-
 | bin(9)      print(n%2) 印 1  <-
 |   bin(4)    print(n%2) 印 0  <-
 V     bin(2)  print(n%2) 印 0  return
          <-     bin(1) n=1 印 1
```

12-4 進階題型

程式設計主要目的就是要把腦筋裡面的演算法應用到程式語言之中，讓程式能夠發揮演算邏輯得到預期的結果，第 32~37 題會訓練基本的演算法則，值得初學者仔細閱讀。

第三十二題：轉置矩陣

【題目說明】將矩陣行列轉換

【程式範例】32-轉置矩陣.py

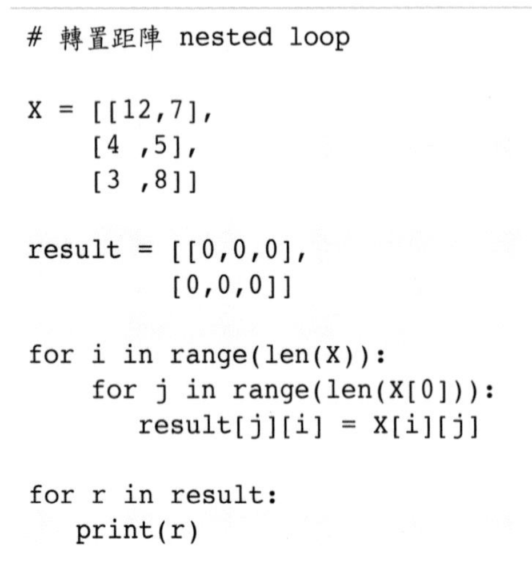

```
# 轉置距陣 nested loop

X = [[12,7],
    [4 ,5],
    [3 ,8]]

result = [[0,0,0],
         [0,0,0]]

for i in range(len(X)):
    for j in range(len(X[0])):
       result[j][i] = X[i][j]

for r in result:
   print(r)
```

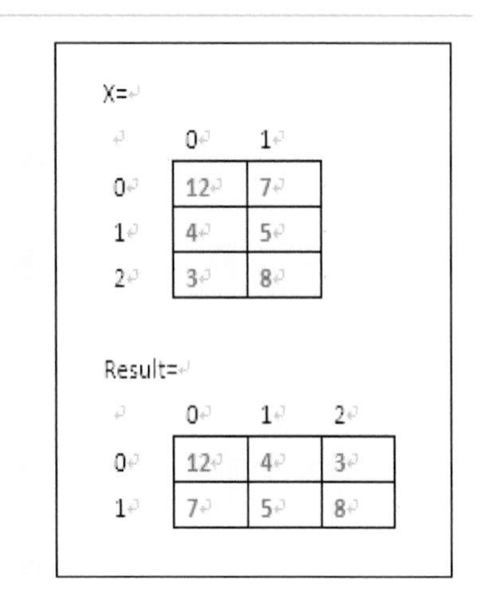

【執行結果】

```
[12, 4, 3]
[7, 5, 8]
```

X =
(0,0)-(0,1)
[12,7]
(1,0)-(1,1)
[4 ,5]
(2,0)-(2,1)
[3 ,8]

result=
(0,0)-(0,1)-(0,2)
[12, 4, 3]
(1,0)-(1,1)-(1,2)
[7, 5, 8]

【程式說明】

這一題的行列轉換是 2x3，是程式學習者必須建立的重要基本觀念之一。

第三十三題：產生隨機亂數

【題目說明】產生 10 個隨機亂數

【程式範例】33-產生隨機亂數.py

```
# 產生隨機亂數
import random                                    # 要先導入一個套件 random
for i in range(1,11):                            # 印出 10 個亂數
    print(random.randint(1,100),end=' ')         # 利用亂數函數產生
```

【執行結果】

```
29 31 4 36 42 46 47 36 41 25
```

【指令說明】

這個程式很簡單只有三行，程式開始執行必須先導入一個套件 random，第三行 range(1,11) 迴圈執行 1 到 10，第三行 randint() 利用函數指令印出 1～100 之間的亂數。

第三十四題：發牌程式

【題目說明】用 print() 指令印出字串

【程式範例】34-發牌程式.py

```
# 發牌
import random

flower='♥♠♦♣'              # 發色:  花色的 ASCII 代碼分別為"3,4,5,6" 但不一定相容
                            # 此處用 UTF-8 中文內碼: 9829、9824、9830、9827
nstr='A23456789TJQK'       # 數值大小
c=[]                        # 定義一個空的 c 串列(List)
for i in range(0,52):
   c.append(i)              # 新產生的亂數用 append 附加在 list 的後面
# print(c)

for i in range(0,51):                        # 產生 52 個亂數
    s=random.randint(0,51)                   # 指定亂數值在 0~51
    temp=c[i];c[i]=c[s];c[s]=temp
# print(c)

for i in range(0,52):
    f=c[i]//13; n=c[i]%13         # 用商數決定花色，用餘數決定數值
```

```
    print(flower[f:f+1]+nstr[n],end=' ')
    if ( i%13==12):
        print()                    # 要分 4 組列印，當印 13 個以後要跳下一行
```

【執行結果】

```
♦J ♠7 ♥9 ♠8 ♥5 ♠2 ♥A ♦Q ♣8 ♣9 ♣7 ♥6 ♣6
♠T ♣4 ♣2 ♣3 ♠6 ♠J ♥8 ♠Q ♦9 ♥2 ♦K ♥7 ♠K
♦4 ♦3 ♣A ♦5 ♦T ♠9 ♠4 ♣J ♦8 ♦2 ♠A ♠5 ♥K
♣T ♥Q ♣5 ♦6 ♠3 ♦7 ♣Q ♥3 ♥J ♣K ♥4 ♦A ♥T
```

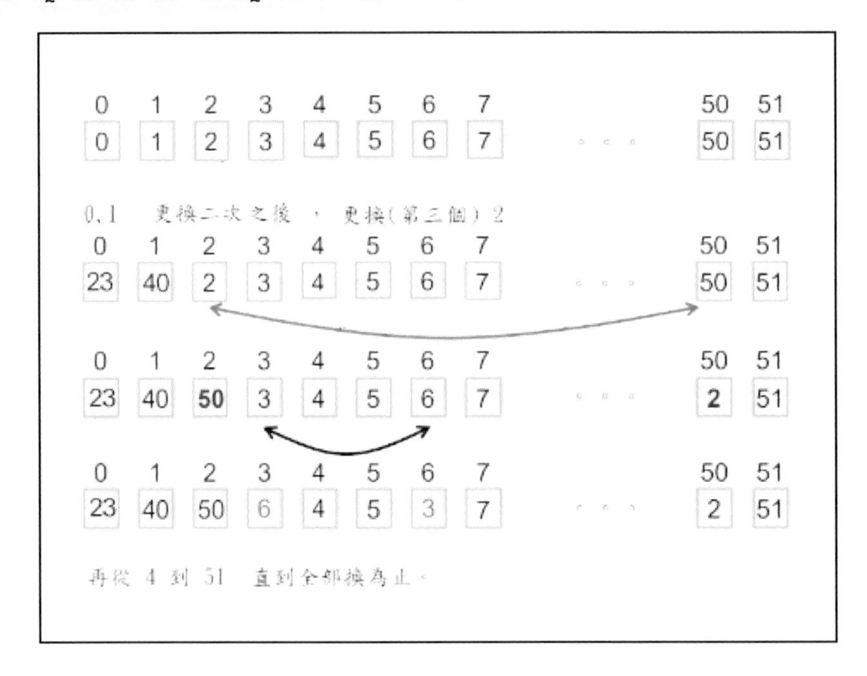

【程式說明】

本題需要用到相當的數學邏輯思考，重點在: 產生 52 個 0~51 不重複的亂數，用商和餘數來安排花色和數字。要分 4 組列印，所以當印 13 個以後要跳下一行，程式中列示撲克牌的四個花色，查 ASCII 的 5、4、3、6 分別代表梅花、方塊、紅心、黑桃。但不一定能夠適用。因為內碼的問題，目前大部分都用 UTF-8，查表 9829、9824、9830、9827，這些內碼印出來的剛好是 4 個撲克牌的花色♥♠♦♣。下面這一張表排列出 0 到 51 共有四行每行 13 個數字，如果拿這些數去除 13，餘數就是撲克牌數字大小，商數就是花色的數目，用這種方法我們就可以印出撲克牌的花色和數目。

商數	餘數	0 A	1 2	2 3	3 4	4 5	5 6	6 7	7 8	8 9	9 T	10 J	11 Q	12 K
0 ♥		0	1	2	3	4	5	6	7	8	9	10	11	12
1 ♠		13	14	15	16	17	18	19	20	21	22	23	24	25
2 ♦		26	27	28	29	30	31	32	33	34	35	36	37	38
3 ♣		39	40	41	42	43	44	45	46	47	48	49	50	51

第三十五題：顯示月曆

【題目說明】輸入年份月份印出當月月曆

【程式範例】35-顯示月曆-2.py

```
# 印月曆

# 輸入年
y=2020

# 判斷是否為閏年
leap=0
if y % 4 == 0 :
    leap=1
if y % 100==0:
    leap=0
if y % 400==0:
    leap=1

# 輸入月
m=4

md=[0,31,28,31,30,31,30,31,31,30,31,30,31]
if leap == 1:
    md=[0,31,29,31,30,31,30,31,31,30,31,30,31]
blk24=24*' ' # 24 個空白要印在每月 1 日的前面 (好用的運算)

sumday=0
for i in range(0,m):
    sumday=sumday+md[i]          # 算在 1 月 1 日到輸入月份 1 日前共幾天

# print(sumday)
```

```
w=y+y/4-y/100+y/400+sumday
week=int(w % 7)                  # 算輸入月份的 1 日星期幾 ?
print('',y,'年 ',m, '月')

print(' Sun Mon Tue Wed Thu Fri Sat')
print(blk24[0:week*4],end='')   # 先印空白
for i in range(1,md[m]+1):
    print("%4d" %i,end='')       # 跟著印
    if (( week+i) %7 ==0 ):      # 到星期六下跳一行
        print()
```

【執行結果】

```
2020 年  4 月
 Sun Mon Tue Wed Thu Fri Sat
               1   2   3   4
   5   6   7   8   9  10  11
  12  13  14  15  16  17  18
  19  20  21  22  23  24  25
  26  27  28  29  30
```

【程式說明】

Python 提供月曆的函數，但印出的格式必須要是內部定義的格式，如果想要印出自己的格式，函數必須自己寫，這一題就是自己寫月曆程式，如果把它寫成函數型態就是標準的自訂函數。

這一題邏輯不簡單，首先要算出那一個年份的元旦是星期幾，在本書上面的練習有判斷閏年的程式可以使用，再來決定該月份在這一年前面共有幾天，以便決定這一個月的一日是星期幾，從星期幾來決定列印第一行當月一日前面的空白。

第三十六題：兩個矩陣相加

【題目說明】輸入兩個 3 乘 3 的矩陣，將兩個矩陣相加

【程式範例】36-兩個矩陣相加.py

```
# 兩個矩陣相加

X = [[2,7,3],
    [4 ,5,6],
    [1 ,8,9]]

Y = [[4,8,1],
    [6,7,3],
```

```
    [2,5,9]]

r = [[0,0,0],
    [0,0,0],
    [0,0,0]]

for i in range(len(X)):                    # 列相加，len(X)長度
   for j in range(len(X[0])):              # 欄相加
       r[i][j] = X[i][j] + Y[i][j]

for r in r:
   print(r)
```

【執行結果】

```
[6, 15, 4]
[10, 12, 9]
[3, 13, 18]
```

【程式說明】

網路上有矩陣相加的計算器，當在練習矩陣運算程式的時候不知道程式結果是否正確，就可以利用網路上的計算器驗證計算結果。兩數相加比較簡單，只要將相對的位置數值相加就可以。

第三十七題：兩個矩陣相乘

【題目說明】輸入兩個三階矩陣，將兩個 3x3 矩陣相乘

【程式範例】37-兩個矩陣相乘-4.py

```
# 兩個矩陣相乘(值得思考有點難度)

'''
https://goo.gl/pP2KbL

可到這裡驗證
https://goo.gl/EyZ3Bf

本題矩陣相乘結果圖形
https://i.imgur.com/Xae6kWn.jpg

114 160  60

 74  97  73

119 157 112

X =
```

```
(0,0) (0,1) (0,2)
(1,0) (1,1) (1,2)
(2,0) (2,1) (2,2)

Y =
(0,0) (0,1) (0,2)
(1,0) (1,1) (1,2)
(2,0) (2,1) (2,2)

X*Y=
x(0,0)*y(0,0)+x(0,1)*y(1,0)+x(0,2)*y(2,0)
x(0,0)*y(0,1)+x(0,1)*y(1,1)+x(0,2)*y(2,1)
x(0,0)*y(0,2)+x(0,1)*y(1,2)+x(0,2)*y(2,2)
x(1,0)*y(0,0)+x(1,1)*y(1,1)+x(1,2)*y(2,0)
x(1,0)*y(0,1)+x(1,1)*y(1,1)+x(1,2)*y(2,1)
x(1,0)*y(0,2)+x(1,1)*y(1,2)+x(1,2)*y(2,2)
x(2,0)*y(0,0)+x(2,1)*y(1,0)+x(2,2)*y(2,0)
x(2,0)*y(0,1)+x(2,1)*y(1,1)+x(2,2)*y(2,1)
x(2,0)*y(0,2)+x(2,1)*y(1,2)+x(2,2)*y(2,2)
                    ...    ...

'''

# 設定 X 陣列
X = [[1,7,3],
     [4 ,5,6],
     [2 ,8,9]]

# 設定 Y 陣列
Y = [[5,8,1],
     [6,7,3],
     [4,2,9]]

result = [[0,0,0],
          [0,0,0],
          [0,0,0]]

print('印出 X')
for i in range(3):
    for j in range (3):
        print(X[i][j], end=' ')
    print()
print()

print('印出 Y')
for i in range(3):
    for j in range (3):
        print(Y[i][j], end=' ')
    print()
print()

m1=0;m2=0;m3=0
for i in range(3):
    for j in range(3):
        m1=m1+X[i][j]*Y[j][0]    # 印出數值
        m2=m2+X[i][j]*Y[j][1]
```

$$\begin{bmatrix} a & b & c \\ d & e & f \\ g & h & i \end{bmatrix} \times \begin{bmatrix} j & k & l \\ m & n & o \\ p & q & r \end{bmatrix} = \begin{bmatrix} aj + bm + cp & ak + bn + cq & al + bo + cr \\ dj + em + fp & dk + en + fq & dl + eo + fr \\ gj + hm + ip & gk + hn + iq & gl + ho + ir \end{bmatrix}$$

```
        m3=m3+X[i][j]*Y[j][2]
    result[i][0]=m1                # 填入陣列值
    result[i][1]=m2
    result[i][2]=m3
    print('%3d %3d %3d' % (m1,m2,m3)) # 印出結果
    m1=0;m2=0;m3=0
    print()

for r in result:                   # 印出陣列值
   print(r)
```

【執行結果】

```
印出 X
1 7 3
4 5 6
2 8 9

印出 Y
5 8 1
6 7 3
4 2 9

 59  63  49
 74  79  73
 94  90 107

[59, 63, 49]
[74, 79, 73]
[94, 90, 107]
```

【程式說明】

矩陣的運算都是基本題型，因為它是二維陣列的關鍵元素，兩個矩陣相乘看似簡單其實不然，自己寫一次就會知道其中奧秘。

12-5 特殊題型

Python 語言強大的地方就是人工智慧和大數據的演算，在系統裡面提供很多特殊的函數與模組套件，系統相當龐大。初學者只要認識其中幾個重要的指令和應用的方法，需要時再從網路搜尋存在的資料庫了解系統功能即可。

第三十八題：用 map & lambda 函數顯示二的次方

【題目說明】計算 2 的 n 次方

【程式範例】38-顯示二的次方.py

```
# 函數顯示數的 2 次方
n = 6

# 用 lambda 運算式來定義函式
r = list(map(lambda x: 2 ** x, range(n)))

print("總共算到 2 的:",n-1,"次方")
for i in range(n):     # 不註明起始值，會從零開始 range(0,16)
    print("2 的",i,"次方=",r[i])
```

【執行結果】

```
總共算到 2 的: 5 次方
2 的 0 次方= 1
2 的 1 次方= 2
2 的 2 次方= 4
2 的 3 次方= 8
2 的 4 次方= 16
2 的 5 次方= 32
```

【程式說明】

這一題用 lambda 運算式來定義函式，執行運算式時將會產生函式物件。Python 內置了一些非常有趣但非常有用的函數，充分體現了 Python 的語言魅力！

lambda 的語法是：

```
lambda arg1, arg2, ....: expression
```

例如：

```
max = lambda m, n: m if m > n else n
print(max(10, 3))
```

呼叫上面的 max 運算式子，m=10；n=3，則 max 會顯示 10。

再則 map(function, sequence)：對 sequence 中的 item 依次執行 function(item)，見執行結果會組成一個 List 返回：

```
>>> def cube(x): return x*x*x
>>> map(cube, range (1, 11))
[1, 8, 27, 64, 125, 216, 343, 512, 729, 1000]
```

第三十九題：找出可被整除的數字

【題目說明】使用函數找出陣列中能被 12 整除的數字

【程式範例】39-找可被整除的數.py

```
#使用函數找可被 12 整除的數字
r_List = [120,123,202,84,5,36,21 ]

r = list(filter(lambda x: (x % 12 == 0), r_List))
print("可被 12 整除的數=",r)
```

【執行結果】

```
可被 12 整除的數= [120, 84, 36]
```

【指令說明】

和上面一題非常類似，用 lambda 函數找出陣列中可以被整除的數，再列出 r_List 串列。

第四十題：檢查字串是否為迴文

【題目說明】寫一個程式能判斷一個字串是不是迴文，迴文是指從第一個字到中間的文字，剛好是從最後一個字到中間的文字兩邊對稱。

【程式範例】40-判別迴文-2.py

```
#  判別迴文

i_str = 'aIbohPhoBiA'       # 輸入字串
slen=len(i_str)             # 算字串長度
i_str=i_str.lower()         # 字串改成小寫

flag=True                   # 檢查旗標先設為 '真'(True)
```

```
for i in range(slen//2 ): # 從第一個字開始到中間檢查每一字元
   #從兩邊開始到中間檢查每一字元列印字元
   print (i_str[i:i+1], i_str[slen-i-1:slen-i])
   if  (i_str[i:i+1] != i_str[slen-i-1:slen-i]) :
      flag = false         # 如果有一個字不同，旗標設為 '假'(False)

if (flag):
   print("字串是迴文")       # 旗標為 '真'(True)
else:
   print("字串不是迴文")     # 旗標設為 '假'(False)
```

【執行結果】

```
a a
i i
b b
o o
h h
字串是迴文
```

【程式說明】

輸入一個字串 i_str 計算這個字串的長度，寫一個 for 的迴圈從第一個字到中間，對應到最後一個字到中間的每一個字。如果檢查中有一個字不同，旗標 flag 就是為假，否則為真。

第四十一題：刪除標點符號

【題目說明】輸入一個含有標點符號的字串，程式能將標點符號從字串中刪除

【程式範例】41-刪除標點符號-2.py

```
# 刪除標點符號

# 定義標點符號
p = '''!()-[]{};:'"\,<>./?@#$%^&*_~'''

i_str = "Hello!!!, I am ---a handsome boy."

# 設定一空字串
str = ""
for i in range(0,len(i_str)-1):   # 字串從第一個字到最後一個字
    char=(i_str[i:i+1])
    print(char, end='')           # 可以檢視每一個字元
    if char not in p:             # 檢查字元是否不在 p 字串中?
        str = str + char          # 如果不在 p 字串中就加入 str 字串
```

```
print()
print(str)                                  # 已刪除標點符號
```

【執行結果】

```
Hello!!!, I am ---a handsome boy
Hello I am a handsome boy
```

【程式說明】

在 Python 的串列函數中就能判斷字元是否在字串裡面，可以用 if char in list 來判斷。

第四十二題：單字排列

【題目說明】輸入一段句子用空白斷開句子中的每個單字，各單字以字母順序排列

【程式範例】42-單字排列-2.py

```
# 單字按字母順序排列

# 設定字串
i_str = "Genius is one percent inspiration and ninety-nine percent perspiration. "

w = i_str.split() # 句子拆成串列
print('串列個數=',len(w))

print(w) # 印出未排序單字串列

for i in range(len(w)):    # 串列排序
   for j in range(i+1,len(w)):
      if ( w[i] < w[j] ):  # 由大到小
         temp=w[i] ; w[i]=w[j] ; w[j]=temp  # 交換

i=1
for w1 in w:
   print(i,w1) # 印出排序單字串列
   i=i+1

w.sort() # 串列排序由小到大(很好用的函數)
print(w) # 印出單字串列
print()  # 印空白行

print("依 ASCII 排序的單字:")
for w2 in w:
   print(w2)
```

【執行結果】

```
串列個數= 9
['Genius', 'is', 'one', 'percent', 'inspiration', 'and', 'ninety-nine', 'percent',
'perspiration.']
1 perspiration.
2 percent
3 percent
4 one
5 ninety-nine
6 is
7 inspiration
8 and
9 Genius
['Genius', 'and', 'inspiration', 'is', 'ninety-nine', 'one', 'percent', 'percent',
'perspiration.']

依 ASCII 排序的單字:
Genius
and
inspiration
is
ninety-nine
one
percent
percent
perspiration.
```

【程式說明】

這個程式平鋪直述並沒有很複雜的邏輯，主要還是強調語法和指令的運用。

第四十三題：集合運算

【題目說明】設定兩個集合，計算並印出這兩個集合的聯集、交集和差集

【程式範例】43-集合運算.py

```
# 集合運算
#
https://tw.saowen.com/a/1d0eaad763f245fba95e7d59a3c7c814ab1e7bc73e7a9d7b5280f81
ba38af07c
# http://www.howsoftworks.net/python-tutorial-sets

E = {0, 2, 4, 6, 8};
N = {1, 2, 3, 4, 5};

print(4 in E)                    # 4 是否存在 E 集合內
print("E 和 N 的聯集=",E | N)
```

```
# 印出E和N集合內的元素，若多筆重複，只會顯示一筆
print("E 和 N 的交集=",E & N)        # 印出E和N集合內同時存在的相同元素
print("E 和 N 的差集=",E - N)        # 印出E，不包含在N的元素
print("E 和 N 的差分集=",E ^ N)      # 印出E和N集合元素，但不印出相同的
```

【執行結果】

```
True
E 和 N 的聯集= {0, 1, 2, 3, 4, 5, 6, 8}
E 和 N 的交集= {2, 4}
E 和 N 的差集= {0, 8, 6}
E 和 N 的差分集= {0, 1, 3, 5, 6, 8}
```

【程式說明】

Python 程式將一般的陣列變數轉換成容器，容器中有：串列、元組、字典和集合，這一個程式就是在介紹集合的用法。

第四十四題：計算母音的數量

【題目說明】輸入一段句子計算句子中母音的數量

【程式範例】44-字串中的母音數.py

```
# 字中的母音數

v = 'aeiou'                        # 母音
i_str = 'Practice makes perfect.'
i_str = i_str.casefold()           # 轉小寫
print(i_str)

c = {}.fromkeys(v,0)               # fromkeys()函數用於創建一個新字典
print(c)                           # 印出這個新字典，計數都還是零

for char in i_str:
   if char in c:
       c[char] =  c[char] + 1 # 計算字中的母音數
print(c)
```

【執行結果】

```
practice makes perfect.
{'a': 0, 'e': 0, 'i': 0, 'o': 0, 'u': 0}
{'a': 2, 'e': 4, 'i': 1, 'o': 0, 'u': 0}
```

【程式說明】

Python 的容器有一種型態叫字典，這個程式讓學習者了解字典的用法。

第四十五題：開檔讀檔寫檔

【題目說明】建立一個檔案做為被讀取的檔案，寫一個程式讀取檔案，再將內容以文字格式存檔

【程式範例】45-開檔讀檔寫檔-3.py

```
# 開檔讀檔寫檔
'''
開啟兩個檔案 ipfile-1.txt 和 ipfile.txt 取出文字檔的內容，
前面加上 hello 送到 1234567890.txt 的檔案之中
'''

# 開檔定義 ipfile-1.txt 為 file_1
with open("ipfile-1.txt",'r',encoding = 'utf-8') as file_1:
    c1 = file_1.read()

# 印出檔案內容
for i in range(len(c1)+1):
    print(c1[i:i+1],end='')
print()

# Close opend file
file_1.close()

with open("ipfile-1.txt",'r',encoding = 'utf-8') as file_1:
    for i in range(0,len(c1)+1):
        a = file_1.read(1)
        print(a,end='')
    print()
# Close opend file
file_1.close()

## 開檔
fp = open('factorial.txt', "r")
line = fp.readline()

## 用 while 逐行讀取檔案內容，直至檔案結尾
while line:
    print(line,end='')
    line = fp.readline()

fp.close()
```

【執行結果】

```
1234567890
1234567890
 1!= 1
 2!= 1
 3!= 2
 4!= 6
 5!= 24
 6!= 120
 7!= 720
 8!= 5040
 9!= 40320
10!= 362880
```

【程式說明】

本程式有用到三個外部檔案 ipfile-1.txt、ipfile.txt 和 factorial.txt，執行本程式的時候請確定這兩個檔案都在目錄裡面，否則執行會有錯誤。

第四十六題：找圖檔解析度

【題目說明】讀取 JPG 檔找出這個檔案的解析度

【程式範例】46-找圖檔解析度.py

```
# 找圖檔解析度
# JPEG(JFIF)交換格式請上網查詢

def jpeg_res(filename):

   # 以二進制模式讀取 jpeg 檔案
   with open(filename,'rb') as img_file:

       # image（2 個字節）位於第 164 位
       img_file.seek(163)

       # 讀取 2 個字節
       a = img_file.read(2)

# 計算高度：放在 a[164]~a[165]
# << 左移動運算符：a[0] << 8 是將 a[0] 運算數的各二進位全部左移 8 位，
# 由 << 右邊的數字指定了移動的位數，高位丟棄，低位補 0。
# 等於乘上 128，其實就是 a[0] =高位元 + a[1] = 低位元的內涵值
       height = (a[0] << 8) + a[1]

       # 2 個字節是寬度
```

```
        a = img_file.read(2)

        # 計算寬度：放在 a[166]~a[167]
        width = (a[0] << 8) + a[1]

    print("JPEG 圖檔解析度=",width,"x",height)

jpeg_res("img1.jpeg") # 一定要 JPEG 文件交換格式（JFIF）標準
# 如果是 jpg 處理不一定正確，可以到線上轉換格式
# jpg 轉成 jpeg，https://www.freefileconvert.com/
```

【執行結果】

```
JPEG 圖檔解析度= 274 x 184
```

【程式說明】

在學習本程式之前，必須先了解 JPEG 檔的格式，一定要 JPEG 文件交換格式（JFIF）標準，如果是 jpg 處理不一定正確，可以到線上轉換格式，高度：放在 a[164]～a[165]；寬度：放在 a[166]～a[167]。

第四十七題：檔案雜湊演算法（哈希表）

【題目說明】計算檔案長度和 SHA1 安全哈希算法

【程式範例】47-檔案雜湊演算法.py

```
# 計算檔案長度和 SHA1 安全哈希算法
'''
sha1 加密：

SHA1 的全稱是 Secure Hash Algorithm(安全哈希算法)。SHA1 基於 MD5，加密後的數據長度更長，
它對長度小於 264 的輸入，產生長度為 160bit 的散列值。比 MD5 多 32 位。
因此，比 MD5 更加安全，但 SHA1 的運算速度就比 MD5 要慢了。

1. 需要匯入 hashlib 模組：
https://codertw.com/%E7%A8%8B%E5%BC%8F%E8%AA%9E%E8%A8%80/364973/

2. 線上 sha1/sha224/sha256/sha384/sha512 加密工具
http://tools.jb51.net/password/sha_encode
'''

# 呼叫 hashlib 套件
import hashlib

# 此函數返回 SHA-1 哈希值
```

```
def hash_file(filename):

    # 從 sha1 函數取值
    h = hashlib.sha1()

    # 打開檔案，以二進制模式讀取
    with open(filename,'rb') as file:

        # 循環直到檔案結束
        chunk = 0 ; n=0
        while chunk != b'':
            # 每次讀進 1024 位元
            chunk = file.read(1024)
            h.update(chunk)
            n=n+1
        print(' 檔案長度=',n-1,'k')
        print(' 檔案結束碼=',chunk)

    # 回傳加密後的 16 進位數字
    return h.hexdigest()

message = hash_file("demo.mp3")
print(message)
```

【執行結果】

```
檔案長度= 41 k
檔案結束碼= b''
fb76568a9fcca5567b3dd3018a936bc85b347f13
```

【程式說明】

雜湊函式（Hash function）又稱雜湊演算法，是一種從任何一種資料中建立小的數字「指紋」（fingerprint）的方法。雜湊函式把訊息或資料壓縮成摘要，使得資料量變小，將資料的格式固定下來。該函式將資料打亂混合，重新建立一個叫做雜湊值（hash values、hash codes、hash sums 或 hashes）的指紋。本題所用的是 SHA1 安全雜湊演算法。安全雜湊演算法（Secure Hash Algorithm，SHA）是一個密碼雜湊函式家族，是 FIPS 所認證的安全雜湊演算法。能計算出一個數位訊息所對應到的，長度固定的字串（又稱訊息摘要）的演算法。且若輸入的訊息不同，它們對應到不同字串的機率很高（摘自 Wiki）。

第四十八題：文字字串轉數字串列（重要範例）

【題目說明】將輸入字串轉換成串列，參加 APCS 程式檢測或程式競賽的時候，資料是從系統標準輸入裝置送進程式，如果是單筆資料可以直接用 input()，如果是連續資料，就必須將系統取得測試資料的字串 ipline 轉換成串列，以便後續程式執行。

【程式範例】48-文字字串轉數字串列.py

```
# 文字字串轉數字串列
# ipline =input()
ipline='3 27 1586 93 688'  # 輸入的字串
ipline=' '+ipline+' '      # 前後先加空白

print(ipline)              # 印出輸入的字串

numlist=[]                 # 設定空串列
strlen=len(ipline)
c=0 ; l=0;  r=0            # 設定初值

for i in range(strlen):
    if ipline[i]==' ':     # 找出空白位置
        l=r; r=i           # left 的 l 是每個數值字串左邊位置
        c=c+1              # c 累加數值到串列中的計數器
        if c>1 :
            numlist.append(int(ipline[l+1:r]))  # 累加數值到串列
print(numlist)                                  # 印出串列
```

【執行結果】

```
3 27 1586 93 688
[3, 27, 1586, 93, 688]
```

【程式說明】

不只在 Python 使用其他語言參加程式檢定都需要學會如何把字串轉換成陣列，一般在程式執行的時候資料取得有兩種方法：

1. 在程式中直接設定數值，但這些資料必然是固定的無法變更。
2. 用 Input 指令直接從鍵盤輸入，題目上提供的測試資料可以從這種方式輸入，但僅限於小數，和有限的數目。

程式檢定時一般都會提供大約 4 個測試資料，程式設計人員可以先測試知道程式是否正確。但隱藏在檢測系統後面大約還有 6 個測試資料，這些測試資料是透過標準輸入送進程式執行，再把輸出資料和系統的測試資料比對，依照答對的數目給分。

若上傳的程式想取得系統測試，就必須要用上面這個程式的輸入指令 ipline=input() 讀入測資，再把整行字串轉換成的串列資料，所以這是參加檢測人員必備的基本技能。

在本例中輸入是字串：「3 27 1586 93 688」，轉換成串列：[3, 27, 1586, 93, 688]，寫程式的時候要先用 ipline =input() 取得測資，再把資料送進程式裡面，提供數據給程式執行。如果有多行字串需要轉換時，可以把上面的程式寫成函數 mymap()，放在迴圈中讀進多行字串資料，分別轉換成串列（參考附檔：48-字串轉串列-（自訂函數）.py），此程式也是非常好的副程式範例。

這一題程式是在訓練將字串轉換成陣列的邏輯和程式寫法，Python 有提供一個函數，可以很快的將字串轉成陣列，也可以將陣列轉成字串。邏輯上要學習上面的方法，但實際上用下面這個程式較快速方便，記下來受用無窮！

【程式範例 -1】48-字串轉串列-(函數).py

```
# 48-字串串列互轉-(函數).py
# ipline=input()                    # 讀取檢測系統用這一行

ipline='1 10 100 1000 10000'        # 上傳時這一行要拿掉
print(ipline)                       # 印出輸入字串
def Convert(string):                # 字串轉陣列副程式
    list1 = list(string.split(" "))
    return list1
numlist=Convert(ipline)
print(numlist)                      # 列出陣列
```

【執行結果】

```
1 10 100 1000 10000
['1', '10', '100', '1000', '10000']
```

其實更實際一點，Python 也提供一函數 ipline.split(' ') 可以直接轉換。

【程式範例 -2】48-字串陣列互轉.py

```
# 字串轉陣列再轉字串
# n=int(input()) # 系統單筆資料取法
# ipline= ()     # 系統整行資料取法

n=5
ipline="1 10 100 1000 10000"

print(n)
newlist = ipline.split(' ')         # 字串轉陣列函數
print(newlist)
# (你的程式在這裡)
newstr = ' '.join(newlist)          # 陣列轉字串函數
print(newstr)                       # 送出字串
```

【執行結果】

```
5
['1', '10', '100', '1000', '10000']
1 10 100 1000 10000
```

第四十九題：陣列反轉

【題目說明】將數個輸入字串的數值反轉，一個看似簡單的題目但卻暗藏玄機。

本書在前面所列示的範例都是最基本最簡單的解法，解題看來容易，但如果題目是出現在程式設計比賽活動或者程式設計檢測，就沒有想像的簡單。主要是一般程式設計考題都會牽涉大數運算，參加程式設計檢測時題目一般會提供兩個到三個測試資料，這些資料都僅限於四到六個小數據，方便資料輸入和測試。當程式上傳到檢測系統時系統上大約有 6 筆測試資料，這些資料有些高達百萬個（n<=1000000），數字甚至高達 9 位數（|num| <=100000000），這種挑戰會讓初學者卻步，這一題就是很明顯的例子！

【程式範例】49-陣列反轉.py

```
# 陣列反轉 (飆程式網 #1011 )
# n=int(input())
# ipline= ()
n=5
ipline="2 3 12 4 5"

ipline=' '+ipline+' '
```

```
           " 2 3 12 4 5"
     ipline=" 2 3 12 4 5 "
L=左邊：R=右邊   l r
空格位置：        2 4
ipline[l+1:r]=     3
```

```
numlist=[]
strlen=len(ipline)
c=0 ;k=0 ; l=0;  r=0

for i in range(strlen):
    if ipline[i]==' ':
        l=k; r=i
        k=r
        c=c+1
        if c>1 :
            numlist.append(int(ipline[l+1:r]))
numlist.reverse()
c=len(numlist)
r=''
for i in range(c):
    if i<c-1 :
        r=r+str(numlist[i])+' '
    else:
        r=r+str(numlist[i])
print(r)
```

【執行結果】

```
原始字串= 2 3 12 4 5
陣列反轉= 5 4 12 3 2
```

【程式說明】

如果想提升程式設計能力，到解題網去解題是最基本的練習，國內目前學生比較常上的的解題系統有兩個：

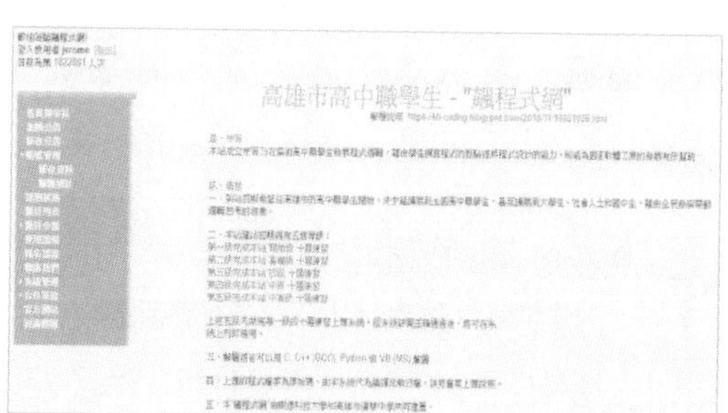

1. 高中生程式解題系統：https://zerojudge.tw/
2. 飆程式網：http://khcode.m-school.tw/

裡面有很多適合高中生學習的練習題目，可以在參加 APCS 之前用這兩個網站作為解題的準備。登入飆程式網以後進入：# 1011。

【問題敘述】

給一些數，請依照相反的順序輸出這些正整數。

【輸入說明】

輸入共有兩列：

第一列為一個正整數 N（N <= 1000000）。

第二列共有 N 個正整數，相鄰正整數之間以一個空白分隔，數值不超過 1000000000。

【輸出說明】

請輸出一列，其中包含 N 個正整數，為輸入第二列的相反順序。

【範例輸入】

```
5
2 3 12 4 5
```

【範例輸出】

```
5 4 12 3 2
```

題目有一筆測試，練習看看這一題的解法，如果用上面的解法上傳之後**是不能通過**。演算法雖然正確，但系統測資只提供十秒鐘（10000ms）的運算時間，如果運算超過這個時間系統會剔除。

程式碼長度: 488 位元組

名稱	測試編號	結果	執行時間	(允許時間)	執行空間	(允許空間)	結束狀態	得分
	1 (1)	超過時間限制	11192ms	(10000ms)	46636KB	(262144KB)	無資料	0/20
	2 (2)	超過時間限制	11197ms	(10000ms)	39208KB	(262144KB)	無資料	0/20
	3 (3)	超過時間限制	11108ms	(10000ms)	39512KB	(262144KB)	無資料	0/20
	4 (4)	超過時間限制	11199ms	(10000ms)	39504KB	(262144KB)	無資料	0/20
	5 (5)	正確通過測試	52ms	(10000ms)	5080KB	(262144KB)	無資料	20/20

總得分: 20/100

看到上面的數據終於了解，解題系統還會限制時間 10 秒鐘，記憶體限制 262M，五個測試資料分別佔 20%。如果想順利取得滿分，這一題使用 Python 語言可以有這三種解法，以第一種最佳：

【程式範例-1】49-陣列反轉-1.py

```
# 陣列反轉(飆程式網 #1011) -1
# n=int(input())
# ipline= ()
n=5
ipline="2 3 12 4 5"
a = ipline.split(' ')
print(' '.join(reversed(a)))
```

【程式範例-2】49-陣列反轉-2.py（參加 APCS 檢定必讀）

```
# 陣列反轉(飆程式網 #1011) -2
n=5
ipline="2 3 12 4 5"
a = map(int, ipline.split(' '))
print(' '.join(map(str, reversed(list(a)))))    * 非常重要的指令

# 上傳飆程式網 #1011 的程式(僅上傳下面三行)
'''
n = input()
a = map(int, input().split(' '))
print(' '.join(map(str, reversed(list(a)))))
'''
```

【程式範例-3】49-陣列反轉-3.py

```
# 陣列反轉 (飆程式網 #1011) - 3
n=5
ipline="2 3 12 4 5"
# n=int(input())
# ipline = input()
lista = list(map(int, ipline.split(' ')))        * 非常重要的指令
lista.reverse()
# print(lista)
print(' '.join(map(str,lista)))
```

整理使用過的函數：

```
1. list=[2,3,12,4,5]         # 數值串列
   list.reverse()            # 串列反轉
   print(list)
2. ipline= “2 3 12 4 5”      # 字串
   a = ipline.split( ‘ ‘)    # 空白分割字串
   print(a)
```

```
3. ipline="2 3 12 4 5"
   a = map(int, ipline.split( ‘ ‘))            # 數值串列(但不能印出)
   print(' '.join(map(str,reversed(list(a))))) # 串列反轉，轉字串列印
4. ipline="2 3 12 4 5"
   lista = list(map(int, ipline.split( ‘ ‘)))  # 數值串列
   lista.reverse()                             # 串列反轉
```

第五十題：統計每個字串的字元數量

【問題敘述】

統計每個字串的字元數量(此題使用一般程式檢定或比賽的題目格式)。(程式摘自飆程式網：http://khcode.m-school.tw/第一級 1012 題)

【輸入說明】

輸入的第一列有一個正整數 T。(T <= 1000000)

接著共有 T 列測試資料，每列為一個由字元 0, 1, 2, 3, 4, 5, 6, 7, 8, 9 所組成的連續字串，長度至少一位，且不超過 1000000 位。

這 T 列字串的長度總和不超過 50000000 個字元。

【輸出說明】

請輸出 T 列，對於每一列測試資料，先輸出該列字串，再輸出 10 個整數，以一個空格分隔，依序表示該列輸入中共有幾個字元 '0', '1', '2', '3', '4', '5', '6', '7', '8', '9'。

【範例輸入】

```
5
0
00
5140514
99999999999999999999999999999999999999999999999999
1234567890
```

【範例輸出】

```
0 1 0 0 0 0 0 0 0 0 0
00 2 0 0 0 0 0 0 0 0 0
5140514 1 2 0 0 2 2 0 0 0 0
99999999999999999999999999999999999999999999999999 0 0 0 0 0 0 0 0 0 50
1234567890 1 1 1 1 1 1 1 1 1 1
```

【程式範例-1】50-統計字元數量.py（僅能離線題解）

```
# 飆程式網  #1012 ( 離線題解 )
n=5
iplist=["0","00","5140514", \
        "9999999999","1234567890"]
for i in range(n):
    print(iplist[i],end=' ')
    for j in range(10):
        c=iplist[i].count(str(j))
        print(c,end=' ')
        c=0
    print()
```

【程式範例-2】50-統計字元數量-1.py（要上傳系統由系統判別對錯，也可手動輸入）

```
# 飆程式網  #1012 ( 上傳飆程式網,第一級 1012 題 )
n=int(input())
for i in range(n):
    ipline=input()
    print(ipline,end=' ')
    for j in range(10):
        c=ipline.count(str(j))
        print(c,end=' ')
    print()
```

演算法

資料結構（Data Structure）從字面看很像是在探討資料的結構，當然這門學科課程中會探討到資料的結構、資料的形態和資料的表示法，但更重要的是探討演算法（Algorithm，簡稱 Algo）。凡是程式設計中的數學計算、電腦語法整合運用邏輯推演都可叫演算法，本單元歸納幾種常用的程式設計演算方法，都是在學習程式設計過程中不可忽略的重要技巧。

13-1 運算

運算思維（Computational Thinking）本身就是運用電腦來解決問題的思維，「computaional」就是指「可運算的」，為什麼強調可運算？因為電腦就是一部計算機器，有別於過去傳統的算數，目前資訊科技所定義的「運算」為電腦形式的運算，運用它強大的運算能力來幫人們解決問題。這裡提出來的範例就是數制轉換，二進位、八進位、十進位和十六進位在電腦都有函數和指令可以處理，至於七進位的運算就需要利用到演算法。

【題　　目】七進制加法運算

【題目說明】輸入兩個 7 進制數字，再將兩個數字相加，印出兩數和

【程式範例】a1-七進制加法運算.py

```
# 七進制加法運算

a='12345'
b='345'
c= ''
```

```
al=len(a); bl=len(b)
if al> bl :
    len=al
    b=b.rjust(len,'0')
else:
    len=bl
    a=a.rjust(len,'0')

carry=0

for i in range(len-1,-1,-1):
    s=int(a[i])+int(b[i])+carry
    m= (s%7)
    c=str(m)+c
    carry=(s//7)
    # print(c,'=',a[i],b[i],carry)
print(a,'+',b,'=',c)
```

【執行結果】

```
12345 + 00345 = 13023
```

【程式說明】

這程式是一個非常典型的邏輯思考運算題型，由於 Python 語言沒有提供 7 進位的函數，所以程式必須自己寫，要寫這個程式必須了解數字轉換的方法。這一題輸入兩個變數 a 和 b，先找出比較長的變數，再把兩數設定為長度相等，也就是比較短的數，前面補 0。接著由右邊往左一位一位加，在進行加法時必須先把文字變成整數才能相加，相加之後把餘數設定在 C 字串正在執行的位元，在本範例中就是 c=str(m)+c。如果有進位，把進位 1 放到 carry 中，準備在下一位的加法運算中加進來。寫這一個程式不是很簡單，如果可以寫出來，恭喜你已經具備相當的程式基礎。這個程式的另外一個寫法是先設定 c 字串= '00000'，當每個字元數值計算出來後再一一填入。更換字串可能要用到下面的語法：

```
# 在 python 中更換字元的方法，用前後字串相加而成
# 如果要將第三個字元'3'換成'A'
a='12345'
for i in range(0,5):
    print(i)

print(a[1:3])
b=a[0:2]+'A'+a[3:5]
print(b)
```

【延伸思考】含有小數點的七進位加法和減法。

13-2 串列

有次序性的變數在其他語言叫做陣列，Python 把它叫做序列（List），許多學習程式語言的人跨不過這一個關卡，總覺得不容易學習，其實 list 並不難它就是一長串的變數，這些變數有順序的關係，大部分的電腦程式設計都需要用到陣列。這裡所提到的巴斯卡三角形，可以用一維陣列算，也可以用二維陣列儲存和列示數值。

【題　　目】巴斯卡三角形

【題目說明】用序列印出巴斯卡三角形

【程式範例】a2-巴斯卡三角形(串列).py

```
# 巴斯卡三角形 (序列)

p=[ [0] * 30 for i in range(20)]          # 先產生p序列
n=10
p[0][1]=1

for i in range(1,(n+1)+1):
    for j in range(1,(n+1)+1):
        p[i][j]=p[i-1][j]+p[i-1][j-1]      # 計算數值

for i in range(0,n+1):
    print(2*(n-i)*' ',end='')              # 定位
    for j in range(1,(i+1)+1):
        print("%4d" %( p[i][j]), end='');  # 印出
    print()
```

【執行結果】

```
                       1
                     1   1
                   1   2   1
                 1   3   3   1
               1   4   6   4   1
             1   5  10  10   5   1
           1   6  15  20  15   6   1
         1   7  21  35  35  21   7   1
       1   8  28  56  70  56  28   8   1
     1   9  36  84 126 126  84  36   9   1
   1  10  45 120 210 252 210 120  45  10   1
```

【程式說明】

學習程式設計的人多數會卡在陣列（array），程式語言的變數中有一般變數和次序性的變數，次序性的變數在 Python 叫做「容器」，它有四種物件，看來使用方便，其實不然，因為要記住更多的函數語法。這一題是二維陣列最典型的使用技巧，Python 裡面將陣列叫 list，一維陣列最典型的運用就是費式數列，巴斯卡三角形可以使用二維陣列，為了排版數字前面都有留一個空白才會整齊。

解巴斯卡三角形基本上有五種方式：

1. **使用二維陣列**：比較簡單將上面一列資料計算後放入下一列
2. **使用兩個一維陣列**：兩個陣列交替新的陣列產生之後放入舊的陣列
3. **使用一個一維陣列**：最左邊欄位的一先填滿，資料由右邊往前面填，由於填入的資料不會影響後面的運算，也沒有競態條件（Race Condition），是一種非常特別的算法。
4. **使用公式**：套用公式知道每一個欄位所要填盡的數字
5. **使用遞迴**：把重複的過程用遞迴解決。

巴斯卡三角形也可以用一維串列列印，列印邏輯比二維複雜一點(程式下載: a2-巴斯卡三角形(一維簡單).py)。競態條件（Race Condition）指的是: 在資料運算的過程，資料輸出會因為資料出現的順序或者出現的時機，彼此競爭，影響輸出的現象。

1						
1	1					
1	2	1				
1	3	3	1			
1	4	6	4	1		
1	5	10	10	5	1	
1	6	15	20	15	6	1

【程式範例】a2-巴斯卡三角形(一維簡單).py

```
# 巴斯卡三角形(一維簡單) 很神奇的推導方式
# 從後面往前推，不會有競態條件 (Race Condition) 的問題
n = int(input("幾層: "))
plist = []

for i in range(1, n + 1):
    plist.append(1)  # 串列第一個元素都是一

    for j in range(i - 2, 0, -1):  # 從右到左
        # print(i,j,plist[j],plist[j-1],end='')
        plist[j]= plist[j] + plist[j - 1]  # 回推
        # print(plist)

    print("行號:", i, plist)
```

【執行結果】

```
幾層: 6
行號: 1 [1]
行號: 2 [1, 1]
行號: 3 [1, 2, 1]
行號: 4 [1, 3, 3, 1]
行號: 5 [1, 4, 6, 4, 1]
行號: 6 [1, 5, 10, 10, 5, 1]
```

13-3 陣列

魔方陣是中國人最先發現的，三階魔方陣又稱洛書，已有兩、三千年的歷史。數獨就是一種方陣數學邏輯遊戲，遊戲由 9×9 個格子組成，玩家需要根據格子提供的數字推理出其他格子的數字。演算法中有許多典型的題目可以學習發揮程式邏輯，其中有一個經常作為練習寫程式的範例就是奇數魔方陣，這一個問題常被探討，也是電腦演算法中重要的題型。當然也有偶數魔方陣，演算法和奇數魔方陣不太一樣。

【題　　目】奇數魔方陣

【題目說明】將 1 到 n（為奇數）的數字排列在 n x n 的方陣上，且各行、各列與各對角線的和必須相同，五階方陣如下所示：

```
17 24  1  8 15
23  5  7 14 16
 4  6 13 20 22
10 12 19 21  3
11 18 25  2  9
```

【程式範例】a3-魔方陣(二維陣列).py

```
# 奇數魔方陣(二維陣列)

a =int(input("請輸入方陣數值單數(3~15)="))
ary=[ [0] * (a+1) for i in range(a+1) ]
r = 1
c = int((a + 1) / 2)
numb = 1

ary[c][r]=numb
for i in range(1 , (a * a) ):
    r = r - 1; c = c + 1
    if (r<1) :
        r=a
    if (c>a) :
        c=1
    numb = numb + 1
    if (ary[c][r] != 0 ):
        c = c - 1; r = r + 2
        if (c<1) :
            c=a
        if ( r>a):
            r=r-a
        ary[c][r] = numb
        # print (c, r, numb)
    else:
        ary[c][r] = numb
        # print (c, r, numb)

for i in range(1,a+1):
    for j in range(1,a+1):
        if ( ary[j][i] < 10 ):
            print( " ",end='')
        print(ary[j][i],end=' ')
    print()
```

【執行結果】

```
請輸入方陣數值單數(3~15)=3
 8  1  6
 3  5  7
 4  9  2
```

【程式說明】

方陣是大家所熟知的數學問題，其規則是方陣中每一行、每一列以及對角線三個數字的總和都要相等。1要放在最上面一行的中間位置，2往右上如果超出上面邊界就回到最下面一行，數字依續增加，如果超過最右邊就回到最左邊擺放，3 x 3 方陣 1~9 擺放次序如下圖。

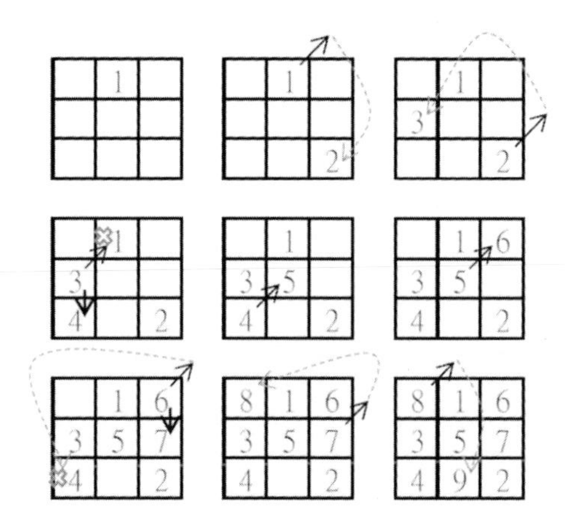

13-4 級數

數列就是把一堆數字排成一列，把數列裡各項數字「加」起來，就稱為級數。個數比較少的可以徒手計算，但多數級數都是很長的數列，甚至是無窮級數，這時候沒有電腦不可能得到比較精確的數值。這裡舉出圓周率的極速計算公式，可以嘗試了解如何寫出程式用電腦計算數值。

【題　　目】計算圓周率

【題目說明】請用泰勒級數計算圓周率

【程式範例】a4-計算圓周率.py

```
# 用泰勒級數計算圓周率
# π=2x(1+1/3+2/5+3/7+4/9+5/11+.........)

import math   # 因為最下面一行有呼叫 math.pi，所以要先導入 math 套件
def pi(a):
    x=2;z=2;a=1;b=3;e=1e-15     # 數值設定
    while(z>e):                 # 當 z> 10 15 次繼續執行運算
        z = z*a/b
        x=x+z
        a=a+1
        b=b+2
    return x                    # 程式終止後 x 會傳進 pi

print(pi(0))                    # 印出 pi 的數值
print(math.pi)                  # 這是 math 函數印出來的 pi
```

【執行結果】

```
3.141592653589792
3.141592653589793
```

【程式說明】

本範例所使用的公式：

1. π =2x(1+1/3+2/5+3/7+4/9+5/11+.........)，使用迴圈一直到 z 收斂到 z < 10 -15，就停止計算。另外有一個級數的公式：

2. π =4*（1-1/3+1/5-1/7+1/9-...）各位可以嘗試著寫寫看。

3. 這個範例也可以用蒙地卡羅法，亂數 x 和 y 兩個數字都是 0~1 之間，含小數點的數，0<x<1，0<y<1。

下圖正方形面積=1 ，圓面積= Pi x r ^{2}，因為 r=1，所以圓面積等於 Pi

Pi/4 : 1 = c : n

Pi = 4 * c / n

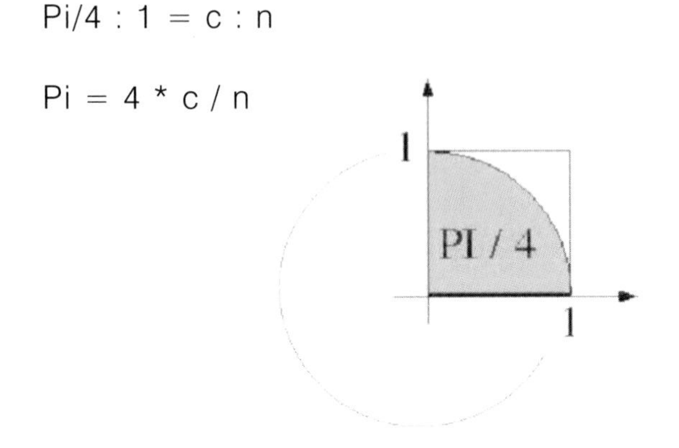

13-5 暴力法

暴力破解法（Brute Force）或稱為窮舉法，是一種最基本且經常被使用解題的方法。解法即是將可能的資料進行逐一推算，直到找出真正的答案為止。在解題過程中列舉所有可能性，是一種直覺的解題方法，程式效率不會太好，學習程式語言的歷程就是盡可能去找出最佳的解法，程式最佳化原則就是以最少的空間最短的時間獲得最佳的效益。下面所舉的排列組合就是暴力法，又分成以接納和排斥兩種方式取得答案。

【題　　目】文字的排列組合

【題目說明】輸入 3 個文字，例如：abc 請列出所有可能的排列組合，這個範例有兩種寫法

【程式範例-1】接納法 - 沒有和前面相同就印 (a5-排列-1.py)

```
def force():
    data = "abc"
    for i in range(len(data)):
        for j in range(len(data)):
            for k in range(len(data)):
                if data[i] != data[j] and  data[j] != data[k] \
                    and data[i] != data[k]:  # 上面一行太長以"\"分割
                    print(data[i],data[j],data[k])
force()
```

【程式範例-2] 排斥法 - 如果有和前面相同就跳過 (continue) (a5-排列-2.py)

```
def force():
    data = "123"
    for i in range(len(data)):
        for j in range(len(data)):
            if (data[i] == data[j] ) :
                continue
            for k in range(len(data)):
                if data[i] == data[k] or data[j] == data[k] :
                    continue
                print(data[i],data[j],data[k])

force()
```

【執行結果】範例-1 和範例-2 執行結果相同

```
a b c
a c b
b a c
b c a
c a b
c b a
```

【程式說明】

這一題的邏輯很管用，務必熟記，如果排列組合沒有用遞迴，這是最簡單的方法。分別為接納法和排斥法：接納法 - 沒有和前面相同就印；排斥法 - 如果有和前面相同就跳過（continue）。每增加一個文字就要多增加一個 for 迴圈，每增加一個 for 迴圈就要多加一組 if 判斷指令。由於迴圈有堆疊數量的限制，也不能無窮盡擴張，

一般到了八個迴圈就已經快到極限，使用起來要很小心，不然速度會變很慢，效率會很差。

13-6 堆疊、佇列

堆疊（stack）和佇列（queue）是串列形式的作業，堆疊允許在連結串列的頂端（top）進行加入資料（push）和取出資料（pop）的運算，堆疊資料結構只允許在一端進行操作，按照後進先出（LIFO，Last In First Out）的原理運作。

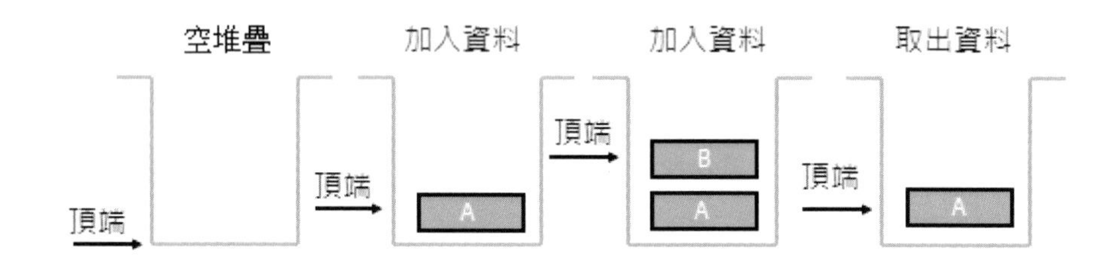

佇列是一個相對堆疊的操作方式，是先進先出（FIFO，First-In-First-Out）的運算。佇列只允許在後端（稱為 rear）進行插入操作，在前端（稱為 front）進行刪除操作。

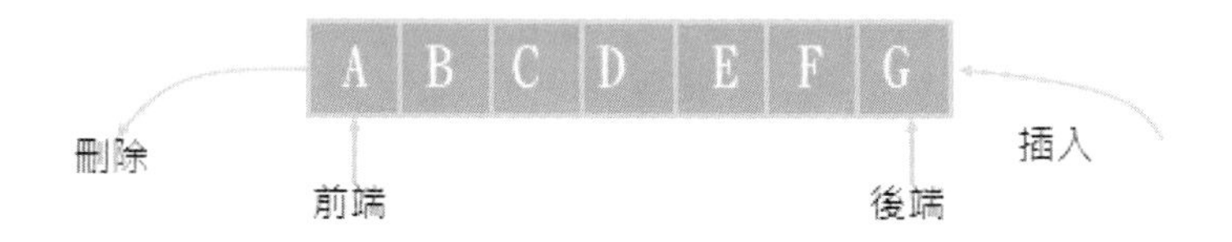

【題　　目】堆疊運算

【題目說明】撰寫一個程式能夠模擬堆疊運算，按照後進先出（LIFO，Last In First Out）的原理運作

【程式範例】a6-堆疊運算 .py

```
# 堆疊運算

def menu():
    print("請輸入選項( 0 結束)：")
    print("(1)插入值至堆疊")
    print("(2)顯示堆疊前端")
    print("(3)刪除前端值")
    print("(4)顯示所有內容")
    return
```

```
list=[1,2,3,4,5]
print('堆疊值=',list,"\n")
menu()

s= int(input("(0-4):"))
while (s != 0):
    if (s==1):
        add=int(input("插入值="))
        list.insert(0,add)
        print('堆疊值=',list)
    elif (s==2) :
        print(list[0])
    elif (s==3):
        list.remove(list[0])
        print('堆疊值=',list)
    elif (s==4):
        print('堆疊值=',list)
    s= int(input("(0-4):"))
```

【執行結果】

```
堆疊值= [1, 2, 3, 4, 5]

請輸入選項( 0 結束)：
(1)插入值至堆疊
(2)顯示堆疊前端
(3)刪除前端值
(4)顯示所有內容
(0-4):1
插入值=6
堆疊值= [6, 1, 2, 3, 4, 5]
(0-4):0
```

【題　　目】佇列運算

【題目說明】撰寫一個程式能夠模擬佇列運算，操作方式是先進先出（FIFO，First-In-First-Out）的運算

【程式範例】a6-佇列運算.py

```
# 佇列運算

def menu():
    print("請輸入選項( 0 結束)：")
    print("(1)插入值至佇列")
    print("(2)顯示佇列前端")
    print("(3)刪除前端值")
    print("(4)顯示所有內容")
    return
```

```
list=[1,2,3,4,5]
print('佇列值=',list,"\n")
menu()

s= int(input("(0-4):"))
while (s != 0):
    if (s==1):
        list.append(int(input("插入值=")))
        print('佇列值=',list)
    elif (s==2) :
        print(list[0])
    elif (s==3):
        list.remove(list[0])
        print('佇列值=',list)
    elif (s==4):
        print('佇列值=',list)
    s= int(input("(0-4):"))
```

【執行結果】

```
佇列值= [1, 2, 3, 4, 5]

請輸入選項( 0 結束):
(1)插入值至佇列
(2)顯示佇列前端
(3)刪除前端值
(4)顯示所有內容
(0-4):1
插入值=6
佇列值= [1, 2, 3, 4, 5, 6]
(0-4):0
```

【程式說明】

堆疊（Stack）與佇列（Queue）是寫程式中最基本的技巧，堆疊就像堆盤子最上面放進來的都會先取出先進後出，最常應用在發牌問題和老鼠走迷宮問題；佇列就像排隊先來排隊的先購票先進先出，搭公車排隊也是先進先出。電腦資料處理在矩陣中都經常會使用到這兩種資料結構的處理。

13-7 排列

排列組合幾乎是電腦程式設計的基本功，多數的題目都需要排列組合，這裡所列舉的方法是最典型的遞迴，也是排列組合最正統的解題技巧，務必要熟記。可以把副程式的引數增加到四個或五個，慢慢擴增，最多可以擴增到 9 再看看執行結果。

【題　　目】文字的排列組合

【題目說明】輸入三個數 123，將這些數可能的排列情形列出

【程式範例】 a7-文字的排列組合.py

```
# 三個文字的排列

def perm(a, k=0):
   if k == len(a):
      print (a)
   else:
      for i in range(k, len(a)):
         a[k], a[i] = a[i] ,a[k]
         perm(a, k+1)
         a[k], a[i] = a[i], a[k]

perm([1,2,3])
```

【執行結果】

```
[1, 2, 3]
[1, 3, 2]
[2, 1, 3]
[2, 3, 1]
[3, 2, 1]
[3, 1, 2]
```

【程式說明】

排序（比較大小）和排列（不同的排列組合），是所有學習程式語言必須要熟記的方法也是基本功，前面的暴力法已經說明排列的基本思考方向和簡易的解法，這種題型正確的解題方法要用遞迴。遞迴在程式語言的應用上是一個很大的突破，把複雜的問題簡化，最典型的就是河內塔和排列，因為它們的運算就是一再重複前面做過的動作，將這一個重複動作寫成副程式，副程式又呼叫本身副程式。在副程式裡面設定中止點，就可以把複雜的問題簡化，得到所需要的結果。

13-8 排列組合

一般人提到程式設計都會認為是工程師或數學家在玩的遊戲，其實在個人電腦普及之後，程式設計的學習已經廣泛應用到生活周遭的事物。 這一個題目給小學五年級和六年級的學生練習，都可以在五分鐘到十分鐘找到一個答案，但不可能把所有答案都找出來，這種工作要交給電腦，不是人做的事。做完這一題以後可以留意，有很多益智題目都可以用電腦計算找到答案。

【題　　目】九個數字不重複，減去後為 66666

【題目說明】請在下面空格中填入 1 到 9，數字不重複，現在就來嘗試看看吧！這一題如果用程式解，懂得演算法的人不用超過五分鐘就可把答案通通列出來！

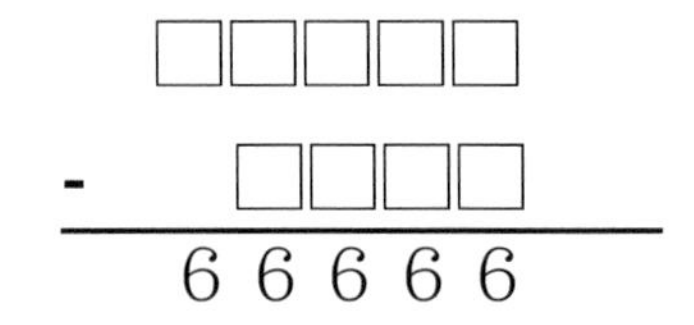

【程式範例】 a8-66666.py

```
# 九個數字不重複，減去後為 66666
from functools import reduce

def Rotate(list):                          # 數字旋轉
    def rot(i):
        return [list[i]] + list[0:i] + list[i + 1:]
    return [rot(i) for i in range(len(list))]

def perm(list):                            # 排列的副程式
    if list == []:
        return [[]]
    else:
        lts = Rotate(list)                 # 呼叫 Rotate()
        return reduce(lambda a, b: a + b,
            [[[lt[0]] + pl for pl in perm(lt[1:])] for lt in lts])

for list in perm([1,2,3,4,5,6,7,8,9]):   # 會傳回 1 到 9 的所有排列組合 (list)
    if (list[0]==6 or list[0]==7) :       # 減數的第一位不是 6， 就是 7
        if ((list[4] - list[8] ==6) or (list[8]-list[4]==4)):
                                           # == 6 減去後最後一位是 6
                                           # == 4 是借位，如 13-7
            n1=list[0]*10000+ list[1]*1000+ list[2]*100+ list[3]*10+ list[4]
            n2=list[5]*1000+ list[6]*100+ list[7]*10+ list[8]
            if (n1-n2) == 66666 :
                print(n1 ,"-" ,n2,"=66666")
```

【執行結果】

```
69153 - 2487 =66666
69513 - 2847 =66666
71358 - 4692 =66666
71529 - 4863 =66666
71934 - 5268 =66666
73158 - 6492 =66666
73194 - 6528 =66666
73491 - 6825 =66666
74931 - 8265 =66666
75129 - 8463 =66666
```

【程式說明】

這一題是相當典型的排列組合解題運用，當用到排列組合的時候可以考慮三種方法：

1. 用前面所提的暴力法（13-5）文字的排列組合範例，不過只能限於較小數量約 4 個元素以內。
2. 用遞迴的方法（13-7）排列，要記住遞迴搬動的過程和技巧，認真的去研究排列組合在遞迴的邏輯運算法則。
3. 使用 Python 所提供的排列組合副程式，這種方法是最好不過，參考下面範例：

【程式範例】a8-Python-permutations 套件.py

```
# Python 提供的 permutations 套件
from itertools import permutations
perm = permutations([1, 2, 3])

for i in list(perm):
    print(i)
```

【執行結果】

```
(1, 2, 3)
(1, 3, 2)
(2, 1, 3)
(2, 3, 1)
(3, 1, 2)
(3, 2, 1)
```

【延伸思考】方格中填入 1~9，數字不可重複。

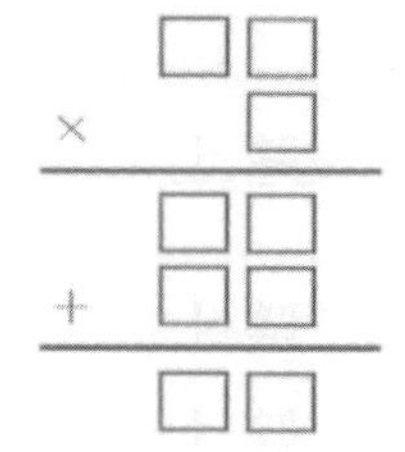

13-9 排序

氣泡排序法（Bubble Sort）是最簡單的排序演算法，很容易了解，所以也是許多演算法課程中第一個學習的排序演算法。在由小到大的排序演算過程會將最大的數值移動到陣列最後面，而較小的數值則逐漸的往陣列前端移動，就像有許多氣泡慢慢從底部浮出，因此稱為氣泡排序法。為了讓各位練習序列（list）的排序運算，這一題將資料產生和演算過程列出，程式中也導入 random 套件產生 100 個亂數，很值得參考學習。

【題　　目】氣泡排序法

【題目說明】在程式中產生 100 個 1～100 亂數，先由小到大再由大到小排列

【程式範例】a9-氣泡排序.py

```
# 氣泡排序
import random           # 導入套件
s=[]                    # 宣告串列

a = [5,2,1,9,6]         # 先以 list 做示範，設定串列 a 有五個元素
print(sorted(a))        # a 由小到大排序，用 List 的排序函數
a.append(7)             # 串列用 append 附加 7
print(sorted(a))        # 再列印一次
print()
# ---------------------------------------------
for i in range(1,7):
    s.append(random.randint(1,100))  # 產生 6 個 1~100 亂數
    print(s[i-1],end=' ')            # 印出亂數
print('\n')

print('1. 印出未排序亂數串列')
print(s)
print()

print('2. 印出排序亂數串列')
print(sorted(s))                # 有內建函數 sorted 排序
print()

print('3. 印出未排序陣列')
for i in range(0,6):
    print(s[i],end=" ")         # 依陣列位置依序印出
print('\n')

# ---------------------------------------------
for i in range(0,6):            # 氣泡排序
    for j in range(i+1,6):
```

```
        if (s[j] < s[i]):            # 由小到大
            temp=s[j]                # 交換
            s[j]=s[i]
            s[i]=temp
    print('第',i,'次排序:')
    for k in range(0,6):
        print(s[k],end=' ')
    print()
print()

print('4. 印出由小到大排序陣列')
for i in range(0,6):                 # 印出陣列
    print(s[i],end=" ")
print()

# -----------------------------------------------
for i in range(0,6):                 # 氣泡排序
    for j in range(i+1,6):
        if (s[j] > s[i]):            # 由大到小
            s[i],s[j]=s[j],s[i]      # 交換
print()

print('5. 印出由大到小排序陣列')
for i in range(0,6):                 # 印出陣列
    print(s[i],end=" ")
```

【執行結果】

```
[1, 2, 5, 6, 9]
[1, 2, 5, 6, 7, 9]

38 89 83 3 94 65

1. 印出未排序亂數串列
[38, 89, 83, 3, 94, 65]

2. 印出排序亂數串列
[3, 38, 65, 83, 89, 94]

3. 印出未排序陣列
38 89 83 3 94 65

第 0 次排序:
3 89 83 38 94 65
第 1 次排序:
3 38 89 83 94 65
第 2 次排序:
3 38 65 89 94 83
第 3 次排序:
3 38 65 83 94 89
第 4 次排序:
```

```
3 38 65 83 89 94
第 5 次排序:
3 38 65 83 89 94

4. 印出由小到大排序陣列
3 38 65 83 89 94

5. 印出由大到小排序陣列
94 89 83 65 38 3
```

【程式說明】

這個程式非常具有學習價值，亂數的產生利用 Python 的 random 套件，產生 100 個亂數後可以由小到大排序，或再由大到小排序，應用的是最簡單的氣泡排序法，氣泡排序的意思就是假設有 10 個數在排，由小到大排。利用兩個迴圈，第一個迴圈會找出最小數，接著第二個迴圈找出第二小數，請觀察執行結果，第 0 次到第 5 次排序，小數逐漸浮上來，如此小泡泡一個一個往上升就覺得氣泡在上升。此為所有排序法中最簡單的排序法，一定要熟悉技巧記在心裡。Python 的函數中已經有效率非常高的函數 sorted()，所使用的是快速排序，所以如果可以不自己寫程式，使用系統提供的函數是最聰明的方法。

13-10 遞迴

在程式設計演算法題目中最讓人嘖嘖稱奇的就是這一個河內塔（Hanoi Tower），在一個複雜繁瑣的資料處理過程中，電腦遞迴程式用簡單的三行就可以搞定，讓人驚嘆電腦科技的神奇。遞迴演算法廣泛應用在程式設計中，每一個人都要思考練習，雖然邏輯不容易理解，多看範例應該很快就可以掌握。

【題　　目】河內塔

【題目說明】三根桿子 ABC，A 桿上有三個大小不同的圓盤，現在要把三個圓盤從 A 桿搬到 C 桿，搬的過程一次只能搬一個，而且大盤不能壓小盤，請寫一個程式把搬動的過程依序列出。

【程式範例】a10-河內塔.py

```
# 河內塔

def h(n, A, B, C):                  # Hanoi 副程式
    if n == 1:
        return [(A, C)]
    else:
        return h(n-1, A, C, B) + h(1, A, B, C) + h(n-1, B, A, C)

n = input("要搬幾個?")
for move in h(int(n), 'A', 'B', 'C'):
    print("由 %c 搬至 %c" % move)
```

【執行結果】

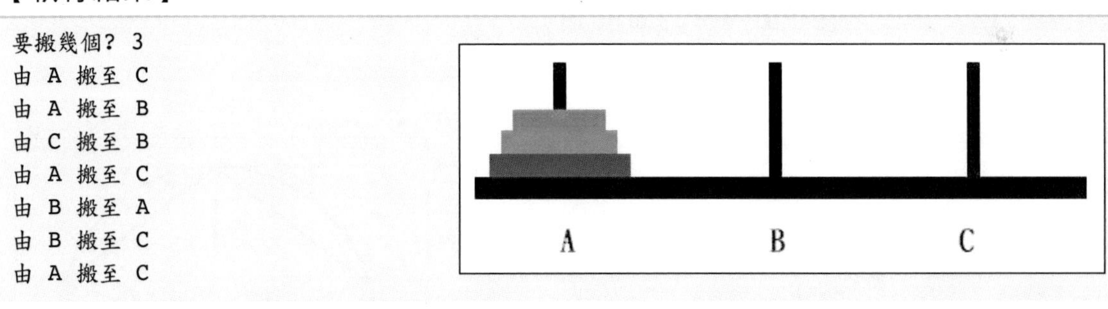

【程式說明】

河內塔是根據一個傳說形成的數學問題：有三根桿子 A、B、C。A 桿上有 N 個穿孔圓盤，盤的尺寸由下到上依次變小。要求按下列規則將所有圓盤移至 C 桿：每次只能移動一個圓盤，大盤不能疊在小盤上面。提示：可將圓盤臨時置於 B 桿，也可將從 A 桿移出的圓盤重新移回 A 桿，但都必須遵循上述兩條規則。這就是最典型的遞迴呼叫，副程式只有四行，請各位務必記住這四行的寫法，終止點設在第二行，意思是說搬到最後一個就停止，其實遞迴呼叫不管用在什麼地方程式都大同小異，學習這一個程式很值得。

13-11 函數

一如本書前面所提電腦語言的指令其實只有三種：設定運算（set）、判斷（if）、迴圈（loop）等，就可以用來設計程式以解決問題，函數也是程式設計師用這三個指令撰寫而成，撰寫函數也可以自己來。所以了解函數的應用是程式設計能力的表徵，不能忽視。這裡所舉的例子就是自己寫函數求圓周率 Pi，連三角函數都不用系統提供的函數，也是自己用程式寫成，可以讓你開拓視野，原來函數也可以自己來。

【題　　目】計算多邊形面積

【題目說明】以半徑為 1，畫一個圓，在這個圓裡面再畫一個內接正五角形，請計算正內接正五角形的面積？

【程式範例】a11-五角形面積.py

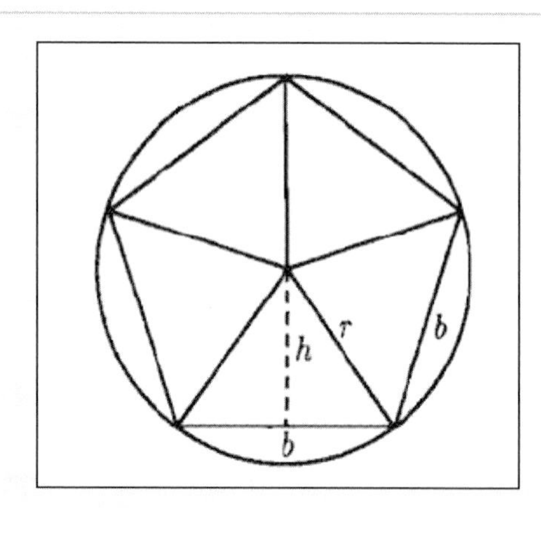


```
# import math

'''
deg = 30    # 輸入角度
三角函數之間的關係：
1) sin x = cos (90°- x)
2) cos x = sin (90°- x)

pi 用泰勒級數展開 = pi(0)
'''

def tylorsin(deg):
    # x=(3.14159*deg)/180
    x=(pi(0)*deg)/180
    s=x
    fc=1
    for i in range(1,20): # 到第 9 已經收斂
        fc=fc*(2*i)*(2*i+1)
        s=s+((-1)**i)*(x**(2*i+1))/fc
        # print(i,fc,s)
        return s

def pi(a):
    x=2;z=2;a=1;b=3;e=1e-15
    while(z>e):
        z = z*a/b
        x=x+z
        a=a+1
        b=b+2
    return x
# print(pi(0))

area= 5* tylorsin(36)*tylorsin(54)
```

```
print(' 五角形面積=',area)

# parea=5*math.sin(math.pi*36/180)*math.cos(math.pi*36/180)
# print(parea)
```

【執行結果】

```
五角形面積= 2.3565639044130497
```

【程式說明】

在一個圓裡面畫一個正內接五角形，可以從圓心接到五個角，共有五個半徑的直線，它和五個邊共組成 5 個正等腰三角形，每個三角形又可以切成兩個直角三角形，正五邊形的面積剛好等於十個直角三角形的面積和，所以要先算出直角三角形的面積。本書在第 1-2 節「運算思維的發展」中有提到直角三角形半徑為 1，對邊則為 sin(θ)，斜邊則為 cos(θ)，五角形的面積剛好等於 5xsin(36º)xcos(36º)，這一題的另外一個重點是不用系統的函數，自己寫函數算出圓周率 Pi 和三角函數的值，非常值得思考。

13-12 動態規劃

背包問題是要解最佳化問題，可以使用「動態規劃（Dynamic programming）」，從空集合開始，每增加一個元素就先求出該階段的最佳解答，直到所有的元素陸續加入至集合中計算是否超過範圍，最後得到的就是最佳解答。業界的資訊系統發展時，動態規劃是經常碰到的問題。

【題　目】

背包問題：物品的數量是 5，書包能承受的重量是 10 KG，每個物品的重量是 w=[2,2,6,5,4]，每個物品的價值是 v=[6,3,5,4,6]，寫一個程式選取在最大重量 10 KG 範圍之下所能夠取得的最高價值。

【題目說明】

有一個背包的負重最多可達 10 公斤，希望在背包中裝入負重範圍內可選到最高總價，物品編號、重量與單價如下所示：

編號	重量	單價
1	2 KG	6
2	2 KG	3
3	6 KG	5
4	5 KG	4
5	4 KG	6

請寫一個程式選取在最大重量 10 KG 範圍之下所能夠取得的最高價值。

【程式範例】a12-背包問題.py

```
# 背包問題

def perm(a,k=0):
   global maxv,maxe                    # 定義全域變數
   weight=0; val=0                     # 重量和價值先設定為零
   if k == len(a):
      # print (a,end='')               # 這裡會印出所有排列組合
      for m in range(len(a)):
         # 計算串列中每一個的價值和重量
         pv=a[m];mw=int(w[pv-1]);mv=int(v[pv-1])

         weight=weight+mw              # 當選擇加入一項物品後計算重量
         if weight> 10 :               # 重量不能超過 10
            break
         val=val+int(v[pv-1])          # 選取加入物品後的價值
         if val > maxv:
            maxv=val                   # 記住這時候的最大價值
            maxe=a[0:m+1]              # 記住最大價值時候有哪些物件
      # print(' ',weight,val,maxv)     # 需要時這一行可以追蹤程式
      weight=0; val=0                  # 每一輪都要先把重量和價值清空
   else:
      for i in range(k, len(a)):       # 遞迴程式
         a[k], a[i] = a[i] ,a[k]
         perm(a, k+1)
         a[k], a[i] = a[i], a[k]
maxe=[]
maxv=0
n=5
c=10
w=[2,2,6,5,4]
v=[6,3,5,4,6]
perm([1,2,3,4,5])
print('項目=',n,'項')
print('重量分別為:[2,2,6,5,4]')
```

```
print('價值分別為:[6,3,5,4,6]')
print('選取=',maxe,'項')
print('價值=',maxv)
```

【執行結果】

```
項目= 5 項
重量分別為:[2,2,6,5,4]
價值分別為:[6,3,5,4,6]
選取= [1, 2, 5] 項
價值= 15
```

【程式說明】

這個程式的主體也是排列組合，把所有可能排列的情形全部找出來，在每一項組合中，從第一項到第 n 項選取物品，但重量不能超過限制。程式最難的部分是在變數的次序中取出重量和價值，必須進行文字和整數間的轉換，還有定位。比較特殊的地方是為了讓主程式和副程式之間變數可以精確傳遞，所以定義了全域變數（Global Variable）。

【延伸思考】

有些背包問題不限制選取一個，如果每個項目在要選取之前都有不同的數量，而且可以重複選取，這種演算法就會更複雜了。

13-13 二元樹 - 四則運算

演算法能夠對樹狀結構的節點進行逐一的訪問，可以應用在搜索、序列化或其他的用途上。本題是樹的後序式走訪，轉換中序式成後序式的方法就可以很簡單的得到答案。

【題　　目】四則運算：有一行四則運算表示式，請計算這一行四則運算的結果為何？

【題目說明】輸入一行四則運算程式，先乘除後加減，會算出這個運算式的結果：

23+12*3-18-2*3+8/2

輸入上面這一行程式會印出 39.0

【程式範例】a13-四則運算.py

```
# 四則運算(中序式)依序算乘 除 加 減法
# 轉後序式：23,12,3,*,+,18,-,2,3,*,-8,2,/,-
ip='23+12*3-18-2*3-8/2'
ip0='23+12*3-18-2*3-8/2'
l=len(ip)
for k in range(l):
    if ip[k]=='-' :
        ip=ip[0:k]+'_'+ip[k+1:l]
opersynb=['*','/','+','_']   # _代替-號，避免和負數混淆
ip=' '+ip+' '  ;  print(ip0) # ip 前後加空白

for pr in range(4):           # 計算：乘 除 加 減
    c=ip.count(opersynb[pr]) # 計算：乘 除 加 減 符號各有幾個

    while c > 0 :             # 如果還有運算符號
        l=len(ip)             # ip 字串長度
        operator=[];oploc=[] #  operator 是找符號；oploc 是找位置
        for j in range(l):   #  找運算符號
            if (ip[j]=='+') or (ip[j]=='_') or \
               (ip[j]=='*') or (ip[j]=='/') or (ip[j]==' '):
                operator.append(ip[j]);oploc.append(j)
        index=(operator.index(opersynb[pr]))           # 運算符號位置

        op1=float(ip[oploc[index-1]+1:oploc[index]])  # 運算數
        op2=float(ip[oploc[index]+1:oploc[index+1]])  # 運算數

        if pr==0:
            op12=op1*op2      # op12 運算結果
        elif pr==1 :
            op12=op1/op2
        elif pr==2 :
            op12=op1+op2
        elif pr==3 :
            op12=op1-op2

        ip=ip[0:oploc[index-1]+1]+ \
            str(op12)+ip[oploc[index+1]:len(ip)]
        c=ip.count(opersynb[pr])

print('=',ip)
```

【執行結果】

```
23+12*3-18-2*3-8/2
=  31.0
```

【程式說明】在程式解題技巧的學科中有一門課程叫資料結構，課程中會談到二元樹，就是把節點都分成兩支，例如下圖每一個節點都有左支樹和右支樹，樹的末端就是運算元；上面的節點就是運算子。解題的過程必須先把二元樹畫出來，然後從最左端到最右端把運算式中乘法和除法的運算先執行，帶入計算後的結果；再次進行加法和減法的運算。中序式的好處就是保留傳統數學運算的表示法，把運算式先乘除後加減，就可以得到所需要的結果。

【程式運算邏輯說明】

1. 處理原始字串

   ip='23+12*3-18-2*3-8/2' # 原始字串

   ip=' 23+12*3-18-2*3-8/2 ' # 前後各加一個空白

2. 分析字串結構：分別找出符號在串列的位置、有哪些符號要處理、要處理的元素有哪些？

   oploc= [0, 3, 6, 8, 11, 13, 15, 17, 19] # 符號位置串列

   operator= [' ', '+', '*', '_', '_', '*', '_', '/', ' '] # 符號串列

   numlist= [23, 12, 3, 18, 2, 3, 8, 2] # 元素串列

3. 計算過程：

   (1) 尚未處理的元素和運算子

   [23, 12, 3, 18, 2, 3, 8, 2]

   [' ', '+', '*', '_', '_', '*', '_', '/', ' ']

   (2) 由左往右先處理先處理乘法和除法、 12 乘 3 的結果放在兩個運算元的第一個位置、所以 12 變 36

   [23,36, 3, 18, 2, 3, 8, 2]

   [' ', '+', '*', '_', '_', '*', '_', '/', ' ']

   (3) 再把 3 和 * 從串列中去除

   [23,36, 18, 2, 3, 8, 2]

   [' ', '+, '_', '_', '*', '_', '/', ' ']

(4) 第一輪先乘除後，已經把乘法和除法都從串列中去除、運算元素從陣列中去除、開始進行第二輪後加減

[59, 36, 18, 6, 4.0]

[' ', '+', '_', '_', '_', ' ']

(5) 運算結束前，最後一次進行 35 減 4

[35, 4.0]

[' ', '_', ' ']

[31.0, 4.0]

[' ', '_', ' ']

(6) 計算後最後結果運算式等於 31

[31.0]

= 31.0

【延伸思考】1. 加上小掛號的四則運算 23+12*3_18_2*3+8/2

2. 下圖先轉後序式再執行運算

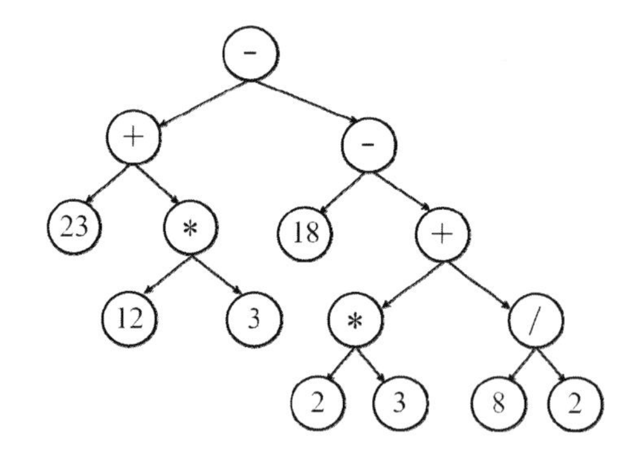

13-14 圖論 - 最短路徑

在圖論中就是將圖形數據轉換成陣列資料，最短路徑問題是要找到一個路徑，兩頂點（或節點）之間邊緣的總和為最小值。在路線圖上找到兩個交叉點之間最短路徑的問題，可以建模為圖中最短路徑，其中頂點對應於交叉點，邊緣對應於路段，每個路段對應於路段的長度。

【題　　目】最短路徑：計算圖形中兩個節點的最短路徑

【題目說明】下面圖形共有 5 個點：0、1、2、3、4 ，請問從 0 到 4 的最短路徑為何？

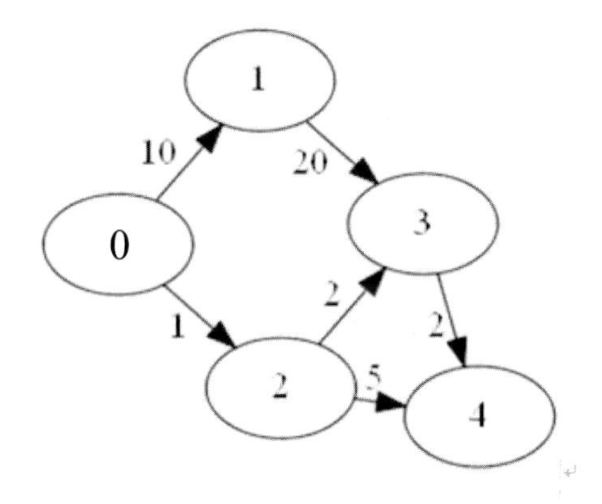

【程式範例】a14-最短路徑.py

```
# 最短路徑
list1= \
[(  0,  10,   1,1000,1000), \
(1000   ,0,1000,  20,1000), \
(1000,1000,   0,   2   ,5), \
(1000,1000,1000,   0,   2), \
(1000,1000,1000,1000,   0)]

d=0
small=1000

def perm(a,k=0):

    global d,small,alist
    if k == len(a):
        d=0
        if a[0] ==0 :
            for i in range(0,4):
                d=d+list1[a[i]][a[i+1]]
```

```
                if a[i+1]== 4:
                    break
            if small > d:
                p=' 0'
                small =d
                alist=a[0:a.index(4)+1]
    else:
        for i in range(k, len(a)):
            a[k], a[i] = a[i] ,a[k]
            perm(a, k+1)
            a[k], a[i] = a[i], a[k]

perm([0,1,2,3,4])
print('最短路徑=',alist)
print('最短距離=',small)
```

【執行結果】

```
最短路徑 = 0 -> 2 -> 3 -> 4
最短距離 = 5
```

【程式說明】

最短路徑問題是一個典型的題型，首先必須將上面五個點的資料轉換成二維矩陣，將 5 個點之間的距離放到矩陣上面，再利用搜尋方法找出所有頂點之間的最短路徑。這一題的解法是用排列組合因為五個點中每一個點對點的距離存放在二維陣列中都是已知，再利用排列方式，把所有可能的排列組合用遞迴方式通通列出來，每一項組合都去計算各點間的距離總和。在計算過程中如果出現比原來距離小的，就把最短距離記下來，用這種技巧把所有各點可能的距離通通運算一次，就可以找出五個點各點間的最短距離。有一個簡單的動態規劃是 Floyd-Warshall 演算法，適用於這一題。

```
{ 0,   10,  1,   INF, INF }      0      10     1      3      5
{ INF, 0,   INF, 20,  INF }      10000  0      10000  20     22
{ INF, INF, 0,   2,   5   }  =>  10000  10000  0      2      4
{ INF, INF, INF, 0,   2   }      10000  10000  10000  0      2
{ INF, INF, INF, INF, 0   }      10000  10000  10000  10000  0
```

APCS 試題分析

14 CHAPTER

題目來源：APCS 大學程式設計先修檢測官網

題目網址：https://apcs.csie.ntnu.edu.tw/index.php/samplequestions/previousexam

下面為 105 年 3 月 APCS 的考題及參考解答（解題程式放在資料夾：APCS-10503-檢測題解）。

14-1 概念題

大學程式設計先修檢測

105 年 3 月 5 日
程式設計觀念題

1. 右側程式正確的輸出應該如下：

```
    *
   ***
  *****
 *******
*********
```

在不修改右側程式之第 4 行及第 7 行程式碼的前提下，最少需修改幾行程式碼以得到正確輸出？

```
1  int k = 4;
2  int m = 1;
3  for (int i=1; i<=5; i=i+1) {
4     for (int j=1; j<=k; j=j+1) {
5        printf (" ");
6     }
7     for (int j=1; j<=m; j=j+1) {
8        printf ("*");
9     }
10    printf ("\n");
11    k = k - 1;
12    m = m + 1;
13 }
```

(A) 1
(B) 2
(C) 3
(D) 4

<table>
<tr><th>1【解題說明】</th><th>【Python 解題程式】(c-1.py)</th></tr>
<tr><td>程式外部迴圈，控制要輸出幾列文字（i=1~5 共 5 列），第一個內迴圈控制每列前面要輸出幾個空格。

第二個內迴圈控制每列要輸出 1~m 個星號，原程式最末列 m 隨外圈遞增 1，表示每次只遞增 1 顆星與題意不符，應遞增 2 才對，故只要將最末列 m=m+1 改為 m=m+2 即可。故答案為 (A)。</td><td><pre>
k=4
m=1
for i in range(1,6):
    for j in range(1,k+1):
        print(" ",end="")

    for j in range(1,m+1):
        print("*",end="")

    print("\n")
    k=k-1
    m=m+2
</pre></td></tr>
</table>

2. 給定一陣列 **a[10]={ 1, 3, 9, 2, 5, 8, 4, 9, 6, 7 }**，i.e., a[0]=1,a[1]=3, …, a[8]=6, a[9]=7，以 **f(a, 10)** 呼叫執行右側函式後，回傳值為何？

(A) 1
(B) 2
(C) 7
(D) 9

```
int f (int a[], int n) {
  int index = 0;
  for (int i=1; i<=n-1; i=i+1) {
    if (a[i] >= a[index]) {
       index = i;
    }
  }
  return index;
}
```

<table>
<tr><th>2【解題說明】</th><th>【Python 解題程式】(c-2.py)</th></tr>
<tr><td>此程式為找出陣列內最大值的索引值，該迴圈將全部執行過一次，因此所找出的最大值應為 a[7] 而不是 a[2]，故回傳值 7。故答案為 (C)。</td><td><pre>
def f(a,n):
    index=0
    for i in range(1,n):
        if (a[i] >= a[index]): index=i
    return index

#main
a=[1,3,9,2,5,8,4,9,6,7]
print("回傳值為",f(a,10))
</pre></td></tr>
</table>

3. 給定一整數陣列 a[0]、a[1]、...、a[99]且 a[k]=3k+1，以 value=100 呼叫以下兩函式，假設函式 **f1** 及 **f2** 之 **while** 迴圈主體分別執行 n1 與 n2 次 (i.e, 計算 **if** 敘述執行次數，不包含 **else if** 敘述)，請問 n1 與 n2 之值為何? 註：(low + high)/2 只取整數部分。

```
int f1(int a[], int value) {
   int r_value = -1;
   int i = 0;
   while (i < 100) {
      if (a[i] == value) {
         r_value = i;
         break;
      }
      i = i + 1;
   }
   return r_value;
}
```

```
int f2(int a[], int value) {
   int r_value = -1;
   int low = 0, high = 99;
   int mid;
   while (low <= high) {
      mid = (low + high)/2;
      if (a[mid] == value) {
         r_value = mid;
         break;
      }
      else if (a[mid] < value) {
         low = mid + 1;
      }
      else {
         high = mid - 1;
      }
   }
   return r_value;
}
```

(A) n1=33, n2=4
(B) n1=33, n2=5
(C) n1=34, n2=4
(D) n1=34, n2=5

3【解題說明】	【Python 解題程式】(c-3.py)

此 100 個元素的陣列 a 其值為 a[k]=3k+1，分布情形是：
a[0]=1a[1]=4a[2]=7a[3]=10 . . . .
a[96]=289a[97]=292a[98]=295a[99]=298
f1 為循序搜尋，一直搜尋到 a[33]=100，所以 n1=34
f2 為二分搜尋，
第 1 次，a[mid]=a[49]=148　>100
	<pre>def f1(a, value,c):
	    i=0 ; r_value = -1
	    while (i < 100):
	        c += 1
	        if (a[i] == value):
	            r_value = i
	            break
	        i += 1
	    return c
	
	def f2(a,value,c):
	    low=0 ; high=99
	    while (low <= high):
	        c += 1
	        mid = (low + high)//2</pre>

<table>
<tr><th>3【解題說明】</th><th>【Python 解題程式】(c-3.py)</th></tr>
<tr><td>第 2 次，a[mid]=a[24]= 73 <100
第 3 次，a[mid]=a[36]=109 >100
第 4 次，a[mid]=a[30]= 91 <100
第 5 次，a[mid]=a[33]=100 =100
所以 n1=34，n2=5，故答案為 (D)。</td><td><pre>
        if (a[mid] == value):
            r_value = mid
            break
        elif (a[mid] < value):
            low = mid + 1
        else:
            high = mid -1
    return c

#main
a=[] ; value=100 ;n1=0 ; n2=0
for k in range(100):
    a.append(3*k+1)

n1=f1(a,value,n1)
n2=f2(a,value,n2)
print("n1=%d, n2=%d" %(n1,n2)))
</pre></td></tr>
</table>

4. 經過運算後，右側程式的輸出為何？

(A) 1275
(B) 20
(C) 1000
(D) 810

```
for (i=1; i<=100; i=i+1) {
   b[i] = i;
}
a[0] = 0;
for (i=1; i<=100; i=i+1) {
   a[i] = b[i] + a[i-1];
}
printf ("%d\n",  a[50]-a[30]);
```

<table>
<tr><th>4【解題說明】</th><th>【Python 解題程式】(c-4.py)</th></tr>
<tr><td>第一個迴圈設定 b 陣列內容
b[1]=1、b[2]=2、…b[100]=100
第二個迴圈設定 a 陣列內容
a[i] = b[i] + a[i-1]
a[0]=0
a[1]=b[1]+a[0]=1+0=1
a[2]=b[2]+a[1]=2+1=3
….
a[30]=465</td><td><pre>
a=[];b=[]
b.append(0)
for i in range(1,101):
    b.append(i)

a.append(0)
for i in range(1,101):
    a.append(i)
    a[i]=b[i]+a[i-1]

print("%d\n" %(a[50]-a[30]))
</pre></td></tr>
</table>

4【解題說明】	【Python 解題程式】(c-4.py)
a[50]=1275 … a[50]-a[30] = 810，故答案為 (D)。	

5. 函數 **f** 定義如下，如果呼叫 **f(1000)**，指令 **sum=sum+i** 被執行的次數最接近下列何者？

(A) 1000
(B) 3000
(C) 5000
(D) 10000

```
int f (int n) {
   int sum=0;
   if (n<2) {
      return 0;
   }
   for (int i=1; i<=n; i=i+1) {
      sum = sum + i;
   }
   sum = sum + f(2*n/3);
   return sum;
}
```

5【解題說明】	【Python 解題程式】(c-5.py)

程式用到遞迴，n<2 是遞迴的終止條件，開始 n=1000 判斷 n<2 不成立，因此執行 for 迴圈進行 sum 的累加 1000 次。
接著在 sum = sum + f(2*n/3) 中呼叫 f(666)，由於 f 函數之參數 n 為整數，在此時的 f(666) 函數中會累加 666 次，其餘依此類推。
n 值多少，sum=sum+i 就執行多少次。
可知共累加次數：
1000+666+444+296+197+131+87+58+38+25+16+10+6+4+2=2980
故答案為 (B)。
	def f(n,c):
	    sum=0
	    if n<2 : return 0
	
	    print("n=",n);print("c=",c)
	    for i in range(1,n+1):
	        sum =sum + i
	        c += 1
	    n=int(2*n/3)
	
	    sum += f(n,c)
	    return sum
	
	#main
	f(1000,0)

6. List 是一個陣列，裡面的元素是 element，它的定義如右。List 中的每一個 element 利用 **next** 這個整數變數來記錄下一個 element 在陣列中的位置，如果沒有下一個 element，**next** 就會記錄-1。所有的 element 串成了一個串列 (linked list)。例如在 **list** 中有三筆資料

1	2	3
data = 'a' next = 2	data = 'b' next = -1	data = 'c' next = 1

它所代表的串列如下圖

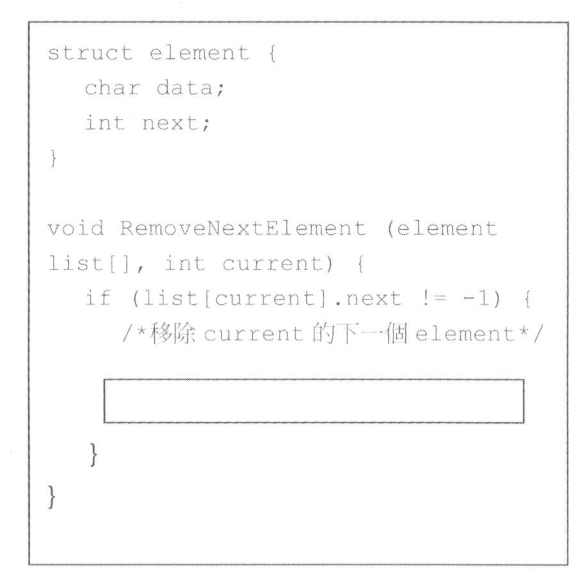

```
struct element {
   char data;
   int next;
}

void RemoveNextElement (element
list[], int current) {
   if (list[current].next != -1) {
      /*移除 current 的下一個 element*/

   }
}
```

RemoveNextElement 是一個程序，用來移除串列中 **current** 所指向的下一個元素，但是必須保持原始串列的順序。例如，若 **current** 為 3 (對應到 **list[3]**)，呼叫完 **RemoveNextElement** 後，串列應為

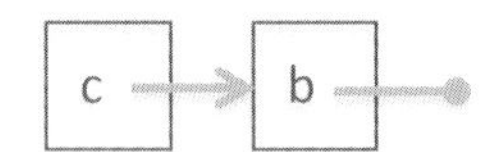

請問在空格中應該填入的程式碼為何?

(A) `list[current].next = current ;`
(B) `list[current].next = list[list[current].next].next ;`
(C) `current = list[list[current].next].next ;`
(D) `list[list[current].next].next = list[current].next ;`

6【解題說明】

此題為鏈結串列觀念題，欲刪除鏈結串列目前節點的下一個節點，只要將下一個節點的鏈結拿來放到目前節點的鏈結中即可，這樣下一個節點就從整個串列中脫鉤消失了。因此：目前節點的下一個節點 = 目前節點下一個節點的下一個節點：

list[current].next = list[list[current].next].next

答案為 (B)。

7. 請問以 **a(13,15)** 呼叫右側 **a()** 函式，函式執行完後其回傳值為何？

(A) 90
(B) 103
(C) 93
(D) 60

```
int a(int n, int m) {
    if (n < 10) {
        if (m < 10) {
            return n + m ;
        }
        else {
            return a(n, m-2) + m ;
        }
    }
    else {
        return a(n-1, m) + n ;
    }
}
```

7【解題說明】	【Python 解題程式】(c-7.py)

a(13,15)= a(12,15)+13
a(12,15)= a(11,15)+13
a(11,15)= a(10,15)+13
a(10,15)= a(9,15)+13
a(9,15)= a(9,13)+15
a(9,13)= a(9,11)+13
a(9,11)= a(9,9)+11
a(9,9)=9+9=18 代回去得 a(13,15)=103
答案為 (B)。
 	
a(13,15)函式回傳值為 103
a(12,15)函式回傳值為 90
a(11,15)函式回傳值為 78
a(10,15)函式回傳值為 67
a(9,15)函式回傳值為 57
a(9,13)函式回傳值為 42
a(9,11)函式回傳值為 29
a(9,9)函式回傳值為 18
	def a(n,m):
	    if (n<10):
	        if (m<10):
	            return n+m
	        else:
	            return a(n,m-2)+m
	    else:
	        return a(n-1,m)+n
	
	#main
	print("a(13,15)回傳: ",a(13,15))
	print("a(12,15)回傳: ",a(12,15))
	print("a(11,15)回傳: ",a(11,15))
	print("a(10,15)回傳: ",a(10,15))
	print("a(9,15)回傳: ",a(9,15))
	print("a(9,13)回傳: ",a(9,13))
	print("a(9,11)回傳: ",a(9,11))
	print("a(9,9)回傳: ",a(9,9))

8. 一個費式數列定義第一個數為 0 第二個數為 1 之後的每個數都等於前兩個數相加，如下所示:
0、1、1、2、3、5、8、13、21、34、55、89...。
右列的程式用以計算第 N 個(N≥2)費式數列的數值，請問 (a) 與 (b) 兩個空格的敘述(statement)應該為何？

```
int a=0;
int b=1;
int i, temp, N;
  …
for (i=2; i<=N; i=i+1) {
  temp = b;
  ___(a)___ ;
  a = temp;
  printf ("%d\n", __(b)__ );
  }
```

(A) (a) **f[i]=f[i-1]+f[i-2]** (b) **f[N]**
(B) (a) **a = a + b** (b) **a**
(C) (a) **b = a + b** (b) **b**
(D) (a) **f[i]=f[i-1]+f[i-2]** (b) **f[i]**

8【解題說明】	【Python 解題程式】(c-8.py)

費式數列：
f[i]=f[i-1]+f[i-2]。
觀察程式的邏輯，在迴圈中先將 b 存放在 temp 中暫存，然後計算 (a) 式，再將暫存於 temp 變數改存至 a，輸出 (b)，因此 (b) 的內容應該是費式數列的計算結果。
 	
在新的迴圈中，a 則變為上上一次的計算結果，temp 是上次的計算結果，由此歸納出 (a) b=b+a，與 (b) b。故答案是 (C)。
	a,b=0,1
	N=10
	
	for i in range(2,N+1):
	    temp=b
	    b=a+b
	    a=temp
	    print("%d" %b,end=" ")

9. 請問右側程式輸出為何？

(A) 1
(B) 4
(C) 3
(D) 33

```
int A[5], B[5], i, c;
  …
for (i=1; i<=4; i=i+1) {
  A[i] = 2 + i*4;
  B[i] = i*5;
  }
c = 0;
for (i=1; i<=4; i=i+1) {
  if (B[i] > A[i]) {
    c = c + (B[i] % A[i]);
  }
  else {
    c = 1;
  }
}
printf ("%d\n", c);
```

9【解題說明】	【Python 解題程式】(c-9.py)

此程式第一個迴圈是為設定 A、B 串列之初值：
A[]=[6,10,14,18]　　B[]=[5,10,15,20}
第二個迴圈採變數追蹤法：
i=1,B[1]=5 ＜ A[1]=6,c=1
i=2,B[2]=10 ＝ A[2]=10,c=1
i=3,B[3]=15 ＞ A[3]=14,c=1+1=2
i=4,B[4]=20 ＞ A[4]=18,c=2+2=4
故答案是 (B)。
	A=[]
	B=[]
	for i in range(5):
	    A.append(0);B.append(0)
	    A[i] = 2 + i*4
	    B[i] = i*5
	
	c=0
	for i in range(5):
	    if (B[i] > A[i]):
	        c = c + (B[i] % A[i])
	    else:
	        c=1
	print("%d\n" %c)

10. 給定右側 **g()** 函式，**g(13)** 回傳值為何？

(A) 16
(B) 18
(C) 19
(D) 22

```
int g(int a) {
  if (a > 1) {
    return g(a - 2) + 3;
  }
  return a;
}
```

10【解題說明】	【Python 解題程式】(c-10.py)

在函數中呼叫自己，主要是考遞迴的概念。
程式的邏輯先判斷執行 g(13) 會執行 return g(13-2)+3，呼叫 g(11)，而執行 g(11) 時會呼叫 g(9)，依此類推到 g(1)，而 g(1)=1 是由函數中判斷非 (a>1) 回傳 1。
g(13)=g(13-2)+3=g(11)+3
g(11)=g(11-2)+3=g(9)+3
g(9) =g(9-2)+3 =g(7)+3
g(7) =g(7-2)+3 =g(5)+3
g(5) =g(5-2)+3 =g(3)+3
g(3) =g(3-2)+3 =g(1)+3
g(1) =g(1)+3
故答案是 (C)。
	def g(a):
	    if (a>1):
	        return g(a-2)+3
	    return a
	
	print("g(13)=",g(13))def g(a):
	    if (a>1):
	        return g(a-2)+3
	    return a
	
	print("g(13)=",g(13))

11. 定義 **a[n]** 為一陣列(array)，陣列元素的指標為 0 至 n-1。若要將陣列中 **a[0]** 的元素移到 **a[n-1]**，右側程式片段空白處該填入何運算式？

```
int i, hold, n;
  …
for (i=0; i<=_____ ; i=i+1) {
  hold = a[i];
  a[i] = a[i+1];
  a[i+1] = hold;
}
```

(A) **n+1**
(B) **n**
(C) **n-1**
(D) **n-2**

11【解題說明】	【Python 解題程式】(c-11.py)

要將 a[0] 陣列內容移到 a[n-1]，題意為每次迴圈將目前陣列所在位置的數值與右邊互換，直到 a[0] 換到 a[n-1] 為止，因此由 0 開始會作到 n-2，故答案是 (D)。	a=[1,2,3,4,5,6]
	print(a)
	n=len(a)
	for i in range((n-2)+1):
	    hold = a[i]
	    a[i] = a[i+1]
	    a[i+1] = hold
	print(a)

12. 給定右側函式 **f1()** 及 **f2()**。**f1(1)** 運算過程中，以下敘述何者為錯？

(A) 印出的數字最大的是 4
(B) **f1** 一共被呼叫二次
(C) **f2** 一共被呼叫三次
(D) 數字 2 被印出兩次

```
void f1 (int m) {
   if (m > 3) {
      printf ("%d\n", m);
      return;
   }
   else {
      printf ("%d\n", m);
      f2(m+2);
      printf ("%d\n", m);
   }
}

void f2 (int n) {
   if (n > 3) {
      printf ("%d\n", n);
      return;
   }
   else {
      printf ("%d\n", n);
      f1(n-1);
      printf ("%d\n", n);
   }
}
```

12【解題說明】	【Python 解題程式】(c-12.py)

f1(1)=f2(1+2)=f1(3-1)=f2(2+2)=4
f1() 會被呼叫 2 次，f2() 被呼叫 2 次，輸出的數字為 4，數字 2 會輸出 2 次。答案選 (C)。
	<pre>def f1(m):
	    if (m>3):
	        print("%d\n" %m)
	        return
	    else:
	        print("%d\n" %m)
	        f2(m+2)
	        print("%d\n" %m)
	
	def f2(n):
	    if (n>3):
	        print("%d\n" %n)
	        return
	    else:
	        print("%d\n" %n)
	        f1(n-1)
	        print("%d\n" %n)
	
	#main
	f1(1)</pre>

13. 右側程式片段擬以輾轉除法求 **i** 與 **j** 的最大公因數。請問 **while** 迴圈內容何者正確？

```
i = 76;
j = 48;
while ((i % j) != 0) {
    ____________________
    ____________________
    ____________________
}
printf ("%d\n", j);
```

(A)
```
k = i % j;
i = j;
j = k;
```
(B)
```
i = j;
j = k;
k = i % j;
```
(C)
```
i = j;
j = i % k;
k = i;
```
(D)
```
k = i;
i = j;
j = i % k;
```

13【解題說明】	【Python 解題程式】(c-13.py)

輾轉相除法作法是以較大的數當被除數，較小的數當除數，相除後將原來的除數當被除數，餘數當除數繼續相除，直到餘數為 0 時，最後的除數就是最大公因數（GCD）。
若 (i % j) != 0 條件不成立表示尚未整除，需繼續作輾轉相除法，此時將 j 設定成被除數，餘數 i%j 當除數，程式碼應為：
k=i%j
i=j
j=k　故答案選 (A)。
	i=76 ; j=48
	while ((i%j) != 0):
	    k=i % j
	    i=j
	    j=k
	
	print("%d\n" %j)

14. 右側程式輸出為何？

(A) bar: 6
bar: 1
bar: 8

(B) bar: 6
foo: 1
bar: 3

(C) bar: 1
foo: 1
bar: 8

(D) bar: 6
foo: 1
foo: 3

```
void foo (int i) {
  if (i <= 5) {
    printf ("foo: %d\n", i);
  }
  else {
    bar(i - 10);
  }
}

void bar (int i) {
  if (i <= 10) {
    printf ("bar: %d\n", i);
  }
  else {
    foo(i - 5);
  }
}

void main() {
  foo(15106);
  bar(3091);
  foo(6693);
}
```

14【解題說明】

首先計算 foo(15106)：

foo(i)	bar(i-10)
15106	15096
15091(-15)	15081 (-15)

…	…
31	21
16	6

因此執行到 bar(6) 而輸出 bar:6。接著計算 bar(3091) 函數：

【Python 解題程式】(c-14.py)

```
def foo(i):
    if (i <= 5):
        print("foo:  %d\n"  %i)
    else:
        bar(i-10)

def bar(i):
    if (i <= 10):
        print("bar:  %d\n"  %i)
    else:
        foo(i-5)

#main
foo(15106)
bar(3091)
foo(6693)
```

14【解題說明】	【Python 解題程式】(c-14.py)
(see below)	

bar(i)	foo(i)
3091	3081
…	…
16	11
1	

執行到 foo(1) 而輸出 foo:1。接著計算 foo(6693) 函數：

foo(i)	bar(i)
6693	6683
…	…
18	8
3	

因此執行到 bar(8) 而輸出 bar:8，故選 (A)。

15. 若以 **f(22)** 呼叫右側 **f()** 函式，總共會印出多少數字？

(A) 16
(B) 22
(C) 11
(D) 15

```
void f(int n) {
  printf ("%d\n", n);
  while (n != 1) {
    if ((n%2)==1) {
      n = 3*n + 1;
    }
    else {
      n = n / 2;
    }
    printf ("%d\n", n);
  }
}
```

15【解題說明】

進 while 迴圈前 n=22 先印出一次，進 while 迴圈內共執行 15 次：

次數	n	n%2	輸出
1	22	0	11
2	11	1	34
3	34	0	17
4	17	1	52
5	52	0	26
6	26	0	13
7	13	1	40
8	40	0	20
9	20	0	10
10	10	0	5
11	5	1	1
12	16	0	8
13	8	0	4
14	4	0	2
15	2	0	1

所以共輸出 1+15=16 次，故選 (A)。

【Python 解題程式】(c-15.py)

```
def f(n,c):
    c += 1
    print("%d\n-count%d" %(n,c))
    while (n  !=  1):
        c += 1
        if ((n%2)==1):
            n=3*n + 1
        else:
            n= n/2
        print("%d\n-count%d" %(n,c))

#main
f(22,0)
```

16. 右側程式執行過後所輸出數值為何？

(A) 11
(B) 13
(C) 15
(D) 16

```
void main () {
  int count = 10;
  if (count > 0) {
    count = 11;
  }
  if (count > 10) {
    count = 12;
    if (count % 3 == 4) {
      count = 1;
    }
    else {
      count = 0;
    }
  }
  else if (count > 11) {
    count = 13;
  }
  else {
    count = 14;
  }
  if (count) {
    count = 15;
  }
  else {
    count = 16;
  }

  printf ("%d\n", count);
}
```

16【解題說明】

if 判斷式，依照程式的邏輯作變數追蹤，一開始 count=10：

條件	判斷	count
count > 0	true	11
count >10	true	12
count % 3 == 4	false	0
if (count)	false	16

故選(D)。

【Python 解題程式】(c-16.py)

```
count=10
if (count > 0): count = 11
if (count > 10):
    count = 12
    if (count % 3 ==4):
        count = 1
    else:
        count = 0
elif (count > 11):
    count = 13
else:
    count = 14
if (count):
    count = 15
else:
    count = 16

print("%d\n"  %count)
```

17. 右側程式片段主要功能為：輸入六個整數，檢測並印出最後一個數字是否為六個數字中最小的值。然而，這個程式是錯誤的。請問以下哪一組測試資料可以測試出程式有誤？

(A) 11 12 13 14 15 3
(B) 11 12 13 14 25 20
(C) 23 15 18 20 11 12
(D) 18 17 19 24 15 16

```
#define TRUE 1
#define FALSE 0
int d[6], val, allBig;
  …
for (int i=1; i<=5; i=i+1) {
  scanf ("%d", &d[i]);
}
scanf ("%d", &val);
allBig = TRUE;
for (int i=1; i<=5; i=i+1) {
  if (d[i] > val) {
    allBig = TRUE;
  }
  else {
    allBig = FALSE;
  }
}
if (allBig == TRUE) {
  printf ("%d is the smallest.\n", val);
}
else {
  printf ("%d is not the smallest.\n", val);
}
}
```

17【解題說明】

觀察程式可知，首先讀取 5 筆資料儲存至陣列 d[]，再讀取數值 val。一開始設定 allBig=true，進入迴圈判斷，若陣列值大於 val 則 allBig 為真，反之為否。要留意判斷是否為最小值是由 allBig 來判斷。五筆資料判定結果如下：

選項	d[0]	d[1]	d[2]	d[3]	d[4]	val	allBig
(A)	11	12	13	14	15	3	T
(B)	11	12	13	14	25	20	T
(C)	23	15	18	20	11	12	F
(D)	18	17	19	24	15	16	F

程式的用意在檢測並印出最後一個數字是否為六個數字中最小的值。

【Python 解題程式】(c-17.py)

```
# x=True
# y=False
# print("%2d %2d" % (x,y))

# d=[11, 12, 13, 14, 15, 3]
d=[11, 12, 13, 14, 25, 20]
# d=[23, 15, 18, 20, 11, 12]
# d=[18, 17, 19, 24, 15, 16]
# print(d)
val=d[5]
allBig=True

for i in range(0,5):
    if ( d[i]> val):
        allBig=True;    # 刪除 這二行
    else:               # 刪除 這二行
        allBig= False
    # print(d[i],allBig)
if (allBig == True):
    print("%d is the smallest.\n" % val)
else:
    print("%d is not the smallest.\n"%
val)
```

17【解題說明】	【Python 解題程式】(c-17.py)
選項 (A) 檢測值 val = 3，allBig = true，檢測值是最小值，程式結果正確。 選項 (B) 檢測值 val = 20，allBig = true，檢測值不是最小值，程式結果錯誤。 選項 (C) 檢測值 val = 12，allBig = false，檢測值不是最小值，程式結果正確。 選項 (D) 檢測值 val = 16，allBig = true，檢測值不是最小值，程式結果正確。 答案選 (B)。	

18. 程式編譯器可以發現下列哪種錯誤?

(A) 語法錯誤
(B) 語意錯誤
(C) 邏輯錯誤
(D) 以上皆是

18【解題說明】
編譯器只能找出語法錯誤，無法查知語意與邏輯錯誤，答案選 (A)。

19. 大部分程式語言都是以列為主的方式儲存陣列。在一個 8x4 的陣列(array) **A** 裡，若每個元素需要兩單位的記憶體大小，且若 **A[0][0]** 的記憶體位址為 108(十進制表示)，則 **A[1][2]** 的記憶體位址為何？

(A) 120
(B) 124
(C) 128
(D) 以上皆非

19【解題說明】	【Python 解題程式】(c-19.py)
8x4 的陣列（array）的意思是 8 列 4 欄，每個元素需要兩單位的記憶體大小，記憶體位址分配如下： 00,01,02,03,10,11,12 → 間隔 6　6*2=12 → 108+12=120	<table><tr><td>108</td><td>110</td><td>112</td><td>114</td></tr><tr><td>116</td><td>118</td><td>120</td><td>122</td></tr><tr><td>124</td><td>126</td><td>128</td><td>130</td></tr><tr><td>略</td><td></td><td></td><td></td></tr></table>
假設：內涵值也是 108，$(108)_{10}=(1101100)_2$ 電腦中整數表示法(分有符號、沒有符號) 陣列索引值由 0 開始，A[1][2] 為第 2 列第 3 欄，所以答案為 (A)。	

20. 右側為一個計算 n 階層的函式，請問該如何修改才會得到正確的結果？

```
1.  int fun (int n) {
2.     int fac = 1;
3.     if (n >= 0) {
4.        fac = n * fun(n - 1);
5.     }
6.     return fac;
7.  }
```

(A) 第 2 行，改為 `int fac = n;`
(B) 第 3 行，改為 `if (n > 0) {`
(C) 第 4 行，改為 `fac = n * fun(n+1);`
(D) 第 4 行，改為 `fac = fac * fun(n-1);`

20【解題說明】	【Python 解題程式】(c-20.py)

計算 n!
n !=n*(n-1)*(n-2)*…*2*1
程式中 fac = n * fun(n - 1)，會再呼叫 fun() 函數，是遞迴的觀念題，n 最小值為 1，因此第 3 行條件判斷 n >= 0 等號不應該成立，需改為 n>0。故答案選 (B)。
	<pre>def fun(n):
	    fac = 1
	    if (n>=0):
	        fac=n *f un(n-1)
	    return fac</pre>

21. 右側程式碼，執行時的輸出為何？

(A) 0 2 4 6 8 10
(B) 0 1 2 3 4 5 6 7 8 9 10
(C) 0 1 3 5 7 9
(D) 0 1 3 5 7 9 11

```
void main() {
  for (int i=0; i<=10; i=i+1) {
    printf ("%d ", i);
    i = i + 1;
  }
  printf ("\n");
}
```

21【解題說明】

i 從 0 到 10，其增加量為 1，但迴圈中 i=i+1 又再增加 1，因此整個迴圈 i 的增加量為 2，答案為 (A)。

此題在 Python 答案為 (B)。

【Python 解題程式】(c-21.py)

```
for i in range(11):
    print("%d  "  %i)
    i = i + 1
print("\n")
```

22. 右側 **f()** 函式執行後所回傳的值為何？

(A) 1023
(B) 1024
(C) 2047
(D) 2048

```
int f() {
  int p = 2;
  while (p < 2000) {
    p = 2 * p;
  }
  return p;
}
```

22【解題說明】

211=2048 超過 2000 數字最小 2 的次方數字是 2048，答案為(D)。

【Python 解題程式】(c-22.py)

```
def f():
    p=2
    while (p < 2000):
        p = 2*p
    return p

#main
print("%d"  %f())
```

23. 右側 **f()** 函式 (a), (b), (c) 處需分別填入哪些數字，方能使得 **f(4)** 輸出 2468 的結果？

(A) 1, 2, 1
(B) 0, 1, 2
(C) 0, 2, 1
(D) 1, 1, 1

```
int f(int n) {
   int p = 0;
   int i = n;
   while (i >= ____(a)____ ) {
      p = 10 - ____(b)____ * i;
      printf ("%d", p);
      i = i - ____(c)____ ;
   }
}
```

<table>
<tr><th>23【解題說明】</th><th>【Python 解題程式】(c-23.py)</th></tr>
<tr><td>程式希望能輸出 2468
f(4) → n=4 → i=4
第一次輸出 2
p=10-b*i → 2=10-b*4 → b=2
i=i-c → i=4-c
第二次輸出 4
p=10-b*i → 4=10-2*i → 4=10-2*(4-c) → c=1 得 i=3
第三次輸出 6
p=10-b*i → 6=10-2*i → i=2 → i=i-1=2-1 得 i=1
第四次輸出 8
p=10-b*i → 8=10-2*i → i=1 → i=i-1=0 得 i=0
i=0 進入 while 迴圈不成立跳出。→ a=1
因此，當條件 i>=1 成立時作迴圈內容的執行，所以 a=1，答案為 (A)。</td><td>#1050305-23

def f(n):
    p=0; i=n
    while (i >=   1   ):
        p = 10 -   2   * i
        print("%d" %p)
        i = i - 1
#main
f(4)</td></tr>
</table>

24. 右側 g(4) 函式呼叫執行後，回傳值為何？

(A) 6
(B) 11
(C) 13
(D) 14

```
int f (int n)  {
  if (n > 3) {
    return 1;
  }
  else if (n == 2) {
    return (3 + f(n+1));
  }
  else {
    return (1 + f(n+1));
  }
}

int g(int n) {
  int j = 0;
  for (int i=1; i<=n-1; i=i+1) {
    j = j + f(i);
  }
  return j;
}
```

24【解題說明】	【Python 解題程式】(c-24.py)

執行 g(4) 會執行迴圈分別呼叫 f(1)、f(2)、f(3) 並作累加到變數 j
g(4)函數→ i=1, j=0　j=j+f(1)=0+f(1)=0+6=6
i=2, j=6　　j=6+f(2)=6+5=11
i=3, j=11　j=11+f(3)=11+2=13 →回傳值
g()函數中迴圈只作到 i=n-1
f(1)=1+f(2)=6
f(2)=3+f(3)=5
f(3)=1+f(4)=2
f(4)=1
答案為 (C)。
	def　f(n):
	　　if　(n>3):
	　　　　return 1
	　　elif　(n==2):
	　　　　return　(3 + f(n+1))
	　　else:
	　　　　return　(1 + f(n+1))
	
	def g(n):
	　　j=0
	　　for i in range(1,n):
	　　　　j= j + f(i)
	
	　　return j
	
	#main
	print("回傳值為%d"　%g(4))

25. 右側 **Mystery()** 函式 **else** 部分運算式應為何，才能使得 **Mystery(9)** 的回傳值為 **34**。

(A) **x + Mystery(x-1)**
(B) **x * Mystery(x-1)**
(C) **Mystery(x-2) + Mystery(x+2)**
(D) **Mystery(x-2) + Mystery(x-1)**

```
int Mystery (int x) {
  if (x <= 1) {
    return x;
  }
  else {
    return ____________ ;
  }
}
```

25【解題說明】	【Python 解題程式】(c-25.py)

(A) x + Mystery(x-1)：
Mystery(9)之回傳值為 45，不合
(B) x * Mystery(x-1)：
Mystery(9)之回傳值為 362880，不合
(C) Mystery(x-2) + Mystery(x+2)：
Mystery(9)之回傳值為 16，不合
(D) Mystery(x-2) + Mystery(x-1)：
可能的結果為，0,1,1,2,3,5,8,13,21,34
答案為 (D)。
Mystery(0)之回傳值為 0
Mystery(1)之回傳值為 1
Mystery(2)之回傳值為 1
Mystery(3)之回傳值為 2
Mystery(4)之回傳值為 3
Mystery(5)之回傳值為 5
Mystery(6)之回傳值為 8
Mystery(7)之回傳值為 13
Mystery(8)之回傳值為 21
Mystery(9)之回傳值為 34
	def Mystery(x):
	    if (x <= 1):
	        return x
	    else:
	        return (Mystery(x-2) + Mystery(x-1))
	
	#main
	Mystery(9)
	for i in range(10):
	    print("Mystery(%d)之回傳%d" %(i,Mystery(i)))

14-2 實作題

105 年 3 月 5 日
程式設計實作題

第 1 題 成績指標

問題描述

一次考試中，於所有及格學生中獲取最低分數者最為幸運，反之，於所有不及格同學中，獲取最高分數者，可以說是最為不幸，而此二種分數，可以視為成績指標。

請你設計一支程式，讀入全班成績(人數不固定)，請對所有分數進行排序，並分別找出不及格中最高分數，以及及格中最低分數。

當找不到最低及格分數，表示對於本次考試而言，這是一個不幸之班級，此時請你印出：「worst case」；反之，當找不到最高不及格分數時，請你印出「best case」。
註：假設及格分數為 60，每筆測資皆為 0~100 間整數，且筆數未定。

輸入格式

第一行輸入學生人數，第二行為各學生分數(0~100 間)，分數與分數之間以一個空白間格。每一筆測資的學生人數為 1~20 的整數。

輸出格式

每筆測資輸出三行。
第一行由小而大印出所有成績，兩數字之間以一個空白間格，最後一個數字後無空白；
第二行印出最高不及格分數，如果全數及格時，於此行印出 best case；
第三行印出最低及格分數，當全數不及格時，於此行印出 worst case。

範例一：輸入

```
10
0 11 22 33 55 66 77 99 88 44
```

範例一：正確輸出

```
0 11 22 33 44 55 66 77 88 99
55
66
```

（**說明**）不及格分數最高為 55，及格分數最低為 66。

範例二：輸入

```
1
13
```

範例二：正確輸出

```
13
13
worst case
```

（**說明**）由於找不到最低及格分，因此第三行須印出「worst case」。

範例三：輸入

```
2
73 65
```

範例三：正確輸出

```
65 73
best case
65
```

（**說明**）由於找不到不及格分，因此第二行須印出「best case」。

評分說明

輸入包含若干筆測試資料，每一筆測試資料的執行時間限制(time limit)均為 2 秒，依正確通過測資筆數給分。

【解題思考】

❖ **看清楚題目意思**

1. 在一串數字中，先排序
2. 再找出及格的最低分與不及格的最高分
3. 找不到最低及格分數，列印 worst case
4. 找不到最高不及格分數，列印 best case
5. 輸入包含多筆資料，每筆學生人數 1~20 位
6. 及格分數為 60
7. 每筆測資皆為 0~100 間整數，筆數未定

注意：每一的執行時間限制（time limit）均為 2 秒

❖ **觀察與歸納**

1. 讀取資料，先作資料的排序，再判斷是否及格
2. 先設　= -1，搜尋指標先設定 S 等於 -1
3. S 會停在不及格的最高分位置
4. 掃描過後 s=-1 代表全部及格
5. 若 s = (分數的數目減 1)，全部不及格
6. 輸出

【解題思考】

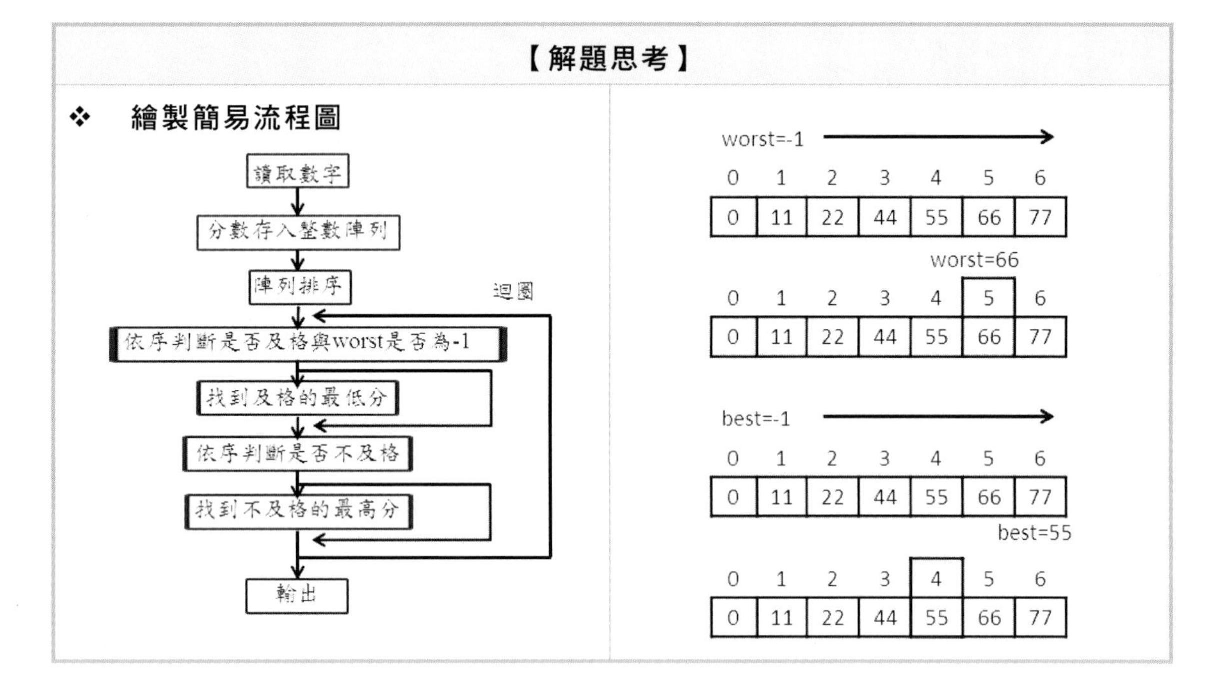

【Python 解題程式】(apcs1050305-實作-1.py)

影音說明：https://youtu.be/3ZLpc8ZA_aY

```
#輸入---------------
n=int(input()) # 人數
ipline=input() # 成績

scores=list(map(int,ipline.split())) # 字串轉數值串列
scores.sort()  # 排序
s=-1           # 搜尋指標先設定: S=-1

#處理----------------
for i in range(len(scores)):
    print(scores[i], end=' ')  # 由小到大列印
    if scores[i] < 60 :
        s= i   # s 會停在不及格的最高分位置
print()

#輸出-----------------
if s== -1:     # s=-1 全部及格
    print( 'best case')
else:
    print(scores[s])

if s== n-1 :   # s=分數的數目減 1，全部不及格
    print( 'worst case')
else:
    print(scores[s+1])
```

105 年 3 月 5 日
程式設計實作題

第 2 題 矩陣轉換

問題描述

矩陣是將一群元素整齊的排列成一個矩形，在矩陣中的橫排稱為列 (row)，直排稱為行 (column)，其中以 X_{ij} 來表示矩陣 X 中的第 i 列第 j 行的元素。如圖一中，$X_{32} = 6$。

我們可以對矩陣定義兩種操作如下：

翻轉：即第一列與最後一列交換、第二列與倒數第二列交換、...依此類推。
旋轉：將矩陣以順時針方向轉 90 度。

例如：矩陣 X 翻轉後可得到 Y，將矩陣 Y 再旋轉後可得到 Z。

X

1	4
2	5
3	6

Y

3	6
2	5
1	4

Z

1	2	3
4	5	6

圖一

一個矩陣 A 可以經過一連串的旋轉與翻轉操作後，轉換成新矩陣 B。如圖二中，A 經過翻轉與兩次旋轉後，可以得到 B。給定矩陣 B 和一連串的操作，請算出原始的矩陣 A。

A 翻轉 → 旋轉 → 旋轉 → *B*

1	1
1	3
2	1

2	1
1	3
1	1

1	1	2
1	3	1

1	1
3	1
1	2

圖二

輸入格式

第一行有三個介於 1 與 10 之間的正整數 R, C, M。接下來有 R 行(line)是矩陣 B 的內容，每一行(line)都包含 C 個正整數，其中的第 i 行第 j 個數字代表矩陣 B_{ij} 的值。在矩陣內容後的一行有 M 個整數，表示對矩陣 A 進行的操作。第 k 個整數 m_k 代表第 k 個操作，如果 $m_k = 0$ 則代表旋轉，$m_k = 1$ 代表翻轉。同一行的數字之間都是以一個空白間格，且矩陣內容為 0~9 的整數。

輸出格式

輸出包含兩個部分。第一個部分有一行，包含兩個正整數 R' 和 C'，以一個空白隔開，分別代表矩陣 A 的列數和行數。接下來有 R' 行，每一行都包含 C' 個正整數，且每一行的整數之間以一個空白隔開，其中第 i 行的第 j 個數字代表矩陣 A_{ij} 的值。每一行的最後一個數字後並無空白。

範例一：輸入

```
3 2 3
1 1
3 1
1 2
1 0 0
```

範例一：正確輸出

```
3 2
1 1
1 3
2 1
```

（說明）

如圖二所示

範例二：輸入

```
3 2 2
3 3
2 1
1 2
0 1
```

範例二：正確輸出

```
2 3
2 1 3
1 2 3
```

（說明）

旋轉 → 翻轉 →

2	1	3
1	2	3

1	2
2	1
3	3

3	3
2	1
1	2

評分說明

輸入包含若干筆測試資料，每一筆測試資料的執行時間限制(time limit)均為 2 秒，依正確通過測資筆數給分。其中：

第一子題組共 30 分，其每個操作都是翻轉。

第二子題組共 70 分，操作有翻轉也有旋轉。

【解題思考】

❖ 看清楚題目意思

1. 讀入陣列內容，同一行的數字之間都是以一個空白間格
2. 讀入陣列翻轉或旋轉操作
3. 翻轉：第一列與最後一列交換、依此類推
4. 旋轉：將矩陣以順時針方向轉 90 度
5. 給你矩陣 B 和 m 個操作，請還原矩陣 A
6. 矩陣內容為 0~9 的整數

注意：每一的執行時間限制（time limit）均為 2 秒

第一子題組共 30 分，其每個操作都是翻轉

第二子題組共 70 分，操作有翻轉也有旋轉

❖ 觀察與歸納

1. 讀取資料
2. 讀取翻轉或旋轉操作字串
3. 翻轉：陣列內容第一列與最後一列交換
4. 旋轉：陣列行變成列，列變成行
5. 將操作的結果先暫存於一個陣列中
6. 輸入包含若干筆資料
7. 輸出

❖ 繪製簡易流程圖

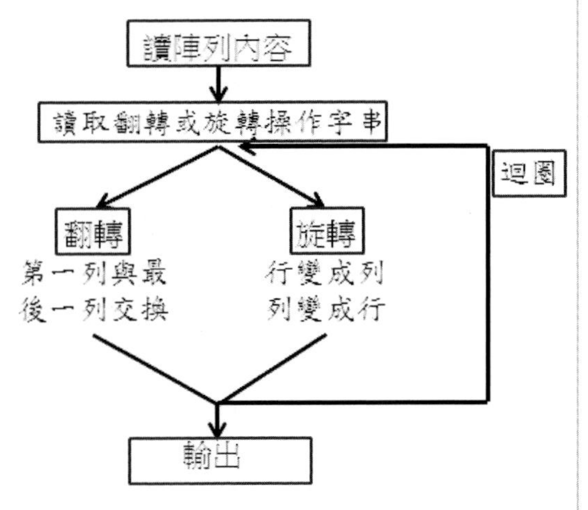

逆時針旋轉：

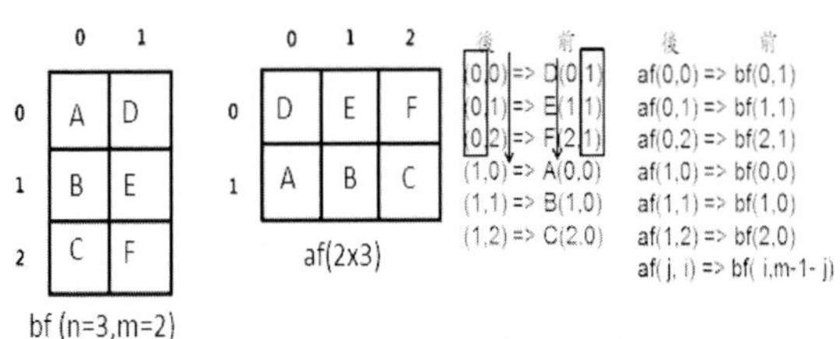

行變列、列變行
原順時針還原過程變成逆時針旋轉
旋轉後的列索引值等於旋轉前的行索引值的倒轉，
旋轉後的行索引值等於旋轉前的列索引值
n與m互換

【Python 解題程式】(apcs1050305-實作-2.py)

影音說明:https://youtu.be/fVm6VvUxRew

```
# 距陣轉換

def rotate(b):          # 旋轉
    global r,c, ro      # r= 列 、 c= 欄 、 ro 旋轉後的串列
    r,c=c,r             # 2x3 轉 3x2
    ro = [ [0] * c for i in range(r) ]  # 預備空串列
    for i in range(r):
        for j in range(c):
            ro[i][j] = b[j][r-1-i]
            # print(i,j,j,r-1-i,r)        # 追蹤 旋轉行列值
            # input()
    return

def updown(a):          # 翻轉
    global r,c, usd
    usd=[ [0] * c for i in range(r) ]
    # print(len(a))       # a 列數 r
    # print(len(a[0]))    # a 欄數 c

    for i in range(r):
        for j in range(c):
            usd[i][j]=a[r-1-i][j]    # 行上下對調、列不變
    return

ip1=input()               # 輸入 R、C、M
listip1=list(map(int,ip1.split()))  # 字串轉數值串列
r=listip1[0]; c=listip1[1]; m=listip1[2] #取得 R、C、M 數值
z_list=[ [0] * c for i in range(r) ]     # 預備空串列

for i in range(r):        # 有 r 列
    ipline=input()        # 逐行輸入資料
    listipline=list(map(int,ipline.split()))#字串轉數值串列
    z_list[i]=listipline                    #存入每一列

ip2=input()               # 輸入 M 的操作代碼 0 旋轉; 1 翻轉
listip2=list(map(int,ip2.split()))
count=len(listip2)        # M 的長度

for i in range(count):  # 逐部操作 count-1-i 由後往前推
    if listip2[count-1-i] == 1:           #  1 翻轉
        updown(z_list)              #  送進副程式
        z_list=usd                  #  翻轉後的串列 送出
    if listip2[count-1-i] == 0:           #  0 旋轉
        rotate(z_list)              #  送進副程式
        z_list=ro                   #  旋轉後的串列 送出
```

```
for i in range(r):                    #  串列 轉文字
    for j in range(c):
        print(z_list[i][j],end=' ')
    print()
```

矩陣旋轉

矩陣左旋轉 90 度有三種情況要考慮：

第一種情況 3x2 (r=3,c=2)向左旋轉變成 2x3

(0 , 0) 1	(0 , 1) 2	(0 , 2) 3
(1 , 0) 4	(1 , 1) 5	(1 , 2) 6

(0 , 0) 3	(0 , 1) 6
(1 , 0) 2	(1 , 1) 5
(2 , 0) 1	(2 , 1) 4

第二種情況 3x3 向左旋轉仍就是 3x3

(0 , 0) 1	(0 , 1) 2	(0 , 1) 3
(1 , 0) 4	(1 , 1) 5	(1 , 1) 6
(2 , 0) 7	(2 , 1) 8	(2 , 1) 9

(0 , 0) 3	(0 , 1) 6	(0 , 2) 9
(1 , 0) 2	(1 , 1) 5	(1 , 2) 8
(1 , 0) 1	(1 , 1) 4	(1 , 2) 7

第三種情況 2x3 向左旋轉變成 3x2

(0 , 0) 1	(0 , 1) 2
(1 , 0) 3	(1 , 1) 4
(2 , 0) 5	(2 , 1) 6

(0 , 0) 2	(0 , 1) 4	(0 , 2) 6
(1 , 0) 1	(1 , 1) 3	(1 , 2) 5

陣左旋轉 90 度有三種情況要考慮：

第一種情況 3x2 (r=3,c=2) 向左旋轉變成 2x3

第二種情況 3x3 向左旋轉仍就是 3x3

第三種情況 2x3 向左旋轉變成 3x2

三種情況都需要滿足，下面位置的轉移：

A　　　　B

(0 , 0) ->. (0 , 2)

(0 , 1) ->. (1 , 2)

(0 , 2) ->. (2 , 2)

(1 , 0) ->. (0 , 1)

(1 , 1) ->. (1 , 1)

(1 , 2) ->. (2 , 1)

(2 , 0) ->. (0 , 0)

(2 , 1) ->. (1 , 0)

(2 , 2) ->. (2 , 0)

滿足這個條件的程式只有一行：**B[I][j] = A[j][r-1- i]**

105 年 3 月 5 日
程式設計實作題

第 3 題　線段覆蓋長度

問題描述

給定一維座標上一些線段，求這些線段所覆蓋的長度，注意，重疊的部分只能算一次。例如給定三個線段：(5, 6)、(1, 2)、(4, 8)、和(7, 9)，如下圖，線段覆蓋長度為 6。

0　1　2　3　4　5　6　7　8　9　10

輸入格式：

第一列是一個正整數 N，表示此測試案例有 N 個線段。
接著的 N 列每一列是一個線段的開始端點座標和結束端點座標整數值，開始端點座標值小於等於結束端點座標值，兩者之間以一個空格區隔。

輸出格式：

輸出其總覆蓋的長度　。

範例一：輸入

輸入	說明
5	此測試案例有 5 個線段
160 180	開始端點座標值與結束端點座標
150 200	開始端點座標值與結束端點座標
280 300	開始端點座標值與結束端點座標
300 330	開始端點座標值與結束端點座標
190 210	開始端點座標值與結束端點座標

範例一：輸出

輸出	說明
110	測試案例的結果

範例二：輸入

輸入	說明
1	此測試案例有 1 個線段
120 120	開始端點座標值與結束端點座標值

範例二：輸出

輸出	說明
0	測試案例的結果

評分說明

輸入包含若干筆測試資料，每一筆測試資料的執行時間限制(time limit)均為 2 秒，依正確通過測資筆數給分。每一個端點座標是一個介於 0~M 之間的整數，每筆測試案例線段個數上限為 N。其中：

第一子題組共 30 分，M<1000，N<100，線段沒有重疊。

第二子題組共 40 分，M<1000，N<100，線段可能重疊。

第三子題組共 30 分，M<10000000，N<10000，線段可能重疊。

【解題思考】

❖ 看清楚題目意思

1. 給定一維座標線段，求這線段所覆蓋的長度
2. 重疊部分只能算一線段所覆蓋的長度
3. 輸出覆蓋長度
4. 每一個端點座標是介於 0~M 之間的整數

注意：每一的執行時間限制（time limit）均為 2 秒

第一子題組 30 分，M<1000，N<100，線段沒有重疊

第二子題組 40 分，M<1000，N<100，線段可能重疊

第三子題組 30 分，M<10000000，N<1000，線段可能重疊

❖ 觀察與歸納

1. 將線段按照開始位置由小到大排序
2. 產生三種結果：重疊、相連、新線段

1. 重疊

2. 相連

3. 新線段

3. 將重疊或相連的線段合併
4. 遇到新線段時表示合併完成
5. 再從新線段位置開始，繼續合併動作，直到跑完所有線段
6. 合併線段時因為結束位置有可能小於或大於原線段，所以將結束位置取 max，即圖中重疊的部分

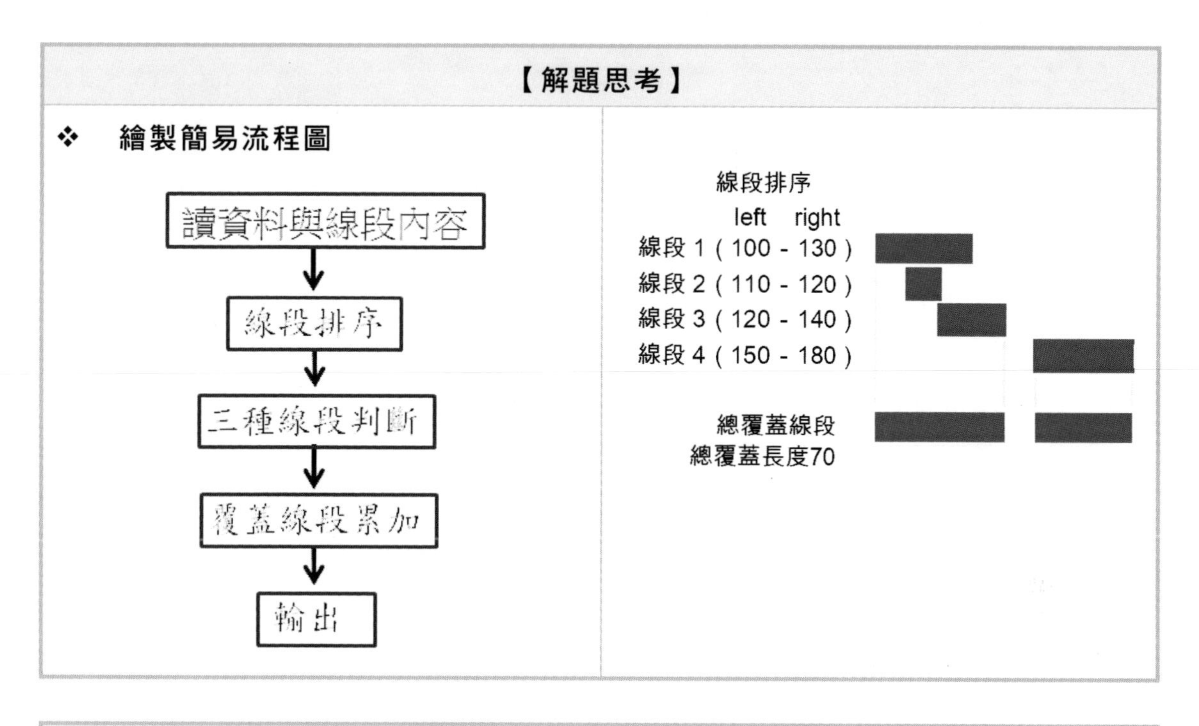

【Python 解題程式】(apcs1050305-實作-3.py)

```
# 1050305APCS 實作題---題三
# 輸入--------------
n=int(input())

node=[]
for i in range(n):
    x,y=input().split(" ")
    x=int(x);y=int(y)
    node.append([x,y])

# 處理--------------
node.sort()                          #按照線段的左邊排序
nl=node[0][0]; nr=node[0][1]
ans=0

for i in range(1,n):
    tl=node[i][0]; tr=node[i][1]
    if (tl>nr):                      #新的左邊比現在的右邊大 --> 新線段
        ans=ans+(nr-nl)              #覆蓋線段長度累加
        nl=tl; nr=tr                 #指定新的左右邊
    elif (tl<=nr and tr>nr):
        nr=tr                        #線段重複或相鄰

ans=ans+(nr-nl)                      #最後一段覆蓋線段長度累加

# 輸出--------------
print(ans)
```

105 年 3 月 5 日
程式設計實作題

第 4 題 血緣關係

問題描述

小宇有一個大家族。有一天，他發現記錄整個家族成員和成員間血緣關係的家族族譜。小宇對於最遠的血緣關係 (我們稱之為"血緣距離") 有多遠感到很好奇。

右圖為家族的關係圖。0 是 7 的孩子，1、2 和 3 是 0 的孩子，4 和 5 是 1 的孩子，6 是 3 的孩子。我們可以輕易的發現最遠的親戚關係為 4(或 5)和 6，他們的"血緣距離"是 4 (4~1，1~0，0~3，3~6)。

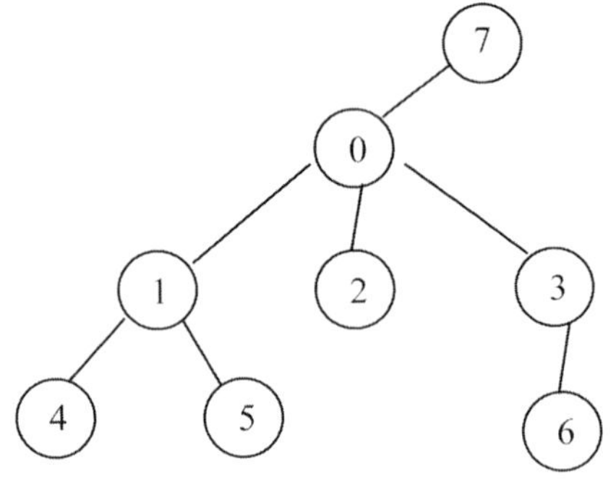

給予任一家族的關係圖，請找出最遠的"血緣距離"。你可以假設只有一個人是整個家族成員的祖先，而且沒有兩個成員有同樣的小孩。

輸入格式

第一行為一個正整數 n 代表成員的個數，每人以 0~n-1 之間惟一的編號代表。接著的 n-1 行，每行有兩個以一個空白隔開的整數 a 與 b ($0 \le a,b \le n-1$)，代表 b 是 a 的孩子。

輸出格式

每筆測資輸出一行最遠"血緣距離"的答案。

範例一：輸入	範例二：輸入
8 0 1 0 2 0 3 7 0 1 4 1 5 3 6 **範例一：正確輸出** 4 **（說明）** 如題目所附之圖，最遠路徑為 4->1->0->3->6 或 5->1->0->3->6，距離為 4。	4 0 1 0 2 2 3 **範例二：正確輸出** 3 **（說明）** 最遠路徑為 1->0->2->3，距離為 3。

評分說明

輸入包含若干筆測試資料，每一筆測試資料的執行時間限制(time limit)均為 3 秒，依正確通過測資筆數給分。其中，

第 1 子題組共 10 分，整個家族的祖先最多 2 個小孩，其他成員最多一個小孩，$2 \le n \le 100$ 。

第 2 子題組共 30 分，$2 \le n \le 100$。

第 3 子題組共 30 分，$101 \le n \le 2{,}000$。

第 4 子題組共 30 分，$1{,}001 \le n \le 100{,}000$。

【Python 解題程式】(apcs1050305-實作-4.py)

```
# 血緣關係 -1
n = int(input())
edges = [[] for i in range(n)]
visited = [False] * n

def dfs(x):
    visited[x] = True
    far = 0, x
    for to in edges[x]:
        if not visited[to]:
            to_len, to_end = dfs(to)
            if to_len >= far[0]:
                far = to_len + 1, to_end

    return far

for i in range(n - 1):
    a, b = map(int, input().split(' '))
    edges[a].append(b)
    edges[b].append(a)

_, endpoint = dfs(0)
visited = [False] * n
ans, _ = dfs(endpoint)

print(ans)
```

【解題思考】	【解題分析】
1. 本題必須用樹(tree)的建構和走訪解題。 2. 樹的走訪有很多種方法，為了提升效率和減少記憶體空間，所以使用遞迴。 3. 題意要計算：最遠的血緣距離，計算的方法要進行兩次的走訪。 4. 第一次的走訪，從祖先血緣的起點 0 開始算找到他的最遠距離的節點，這個節點會是兩個最遠節點其中的一個節點 A。 5. 在這個節點 A，去尋找另外一個最遠的節點 B， 計算 A B 兩個節點的距離就是題目所要的答案。	題目大致上分成 4 個區塊： 1. 最上面 dfs 是 Depth-First Search (DFS，深度優先搜尋)用遞迴走訪所有的節點，記錄一下節點間的最遠距離 farthest。 2. 輸入節點數恩以後，開始建立樹，a 和 b 分左節點和右節點，將樹狀結構建立在 edges 的串列節點中。相鄰串列 (Adjacency LIst)建立樹狀結構 . 3. 先將每一個節點 在 dfs()資料結構中設為 False，代表尚未走訪。每次走訪過後設為 True 代表走訪過，第一次的走訪會找到祖先 7 源頭節點，此節點找到他的最遠距離 A。 4. 將所有 dfs 的節點從 True 改為 False，再從 A 節點去找出最遠距離的節點 B，則 A B 之間的距離就是要找的答案：血源最遠距離。

（本題檔案：apcs1050305-實作-4.py，解法詳見本書網路影音說明）

附錄

A-1 習題解答

01.前言	【01 習題】ABCAB
02.Python 程式發展工具	【02 習題】DBCBC
03.Python 程式執行的方式	【03 習題】ACBCC
04.認識 Python 基本語法	【04 習題】CDADA
05.資料型態	【05 習題】BDABA
06.運算	【06 習題】ACADA
07.指令	【07 習題】DCBBA
08.函數	【08 習題】CDBAA　DBDDA
09.初學五題	【09 習題】BBCCA
10.陣列-數據類型資料	【10 習題】ACABA　BDCDD
11.列印文字圖形程式練習	【11 習題】
12.程式邏輯發展練習	【12 習題】
13.演算法	【13 習題】ADD

A-2 ASCII 字元、字碼對照表

Char	Dec	Hex	Char	Dec	Hex	Char	Dec	Hex	Char	Dec	Hex
(nul)	0	0	(sp)	32	20	@	64	40	`	96	60
(soh)	1	1	!	33	21	A	65	41	a	97	61
(stx)	2	2		34	22	B	66	42	b	98	62
(etx)	3	3	#	35	23	C	67	43	c	99	63
(eot)	4	4	$	36	24	D	68	44	d	100	64
(enq)	5	5	%	37	25	E	69	45	e	101	65
(ack)	6	6	&	38	26	F	70	46	f	102	66
(bel)	7	7	'	39	27	G	71	47	g	103	67
(bs)	8	8	(	40	28	H	72	48	h	104	68
(ht)	9	9	)	41	29	I	73	49	i	105	69
(nl)	10	a	*	42	2a	J	74	4a	j	106	6a
(vt)	11	b	+	43	2b	K	75	4b	k	107	6b
(np)	12	c	,	44	2c	L	76	4c	l	108	6c
(cr)	13	d	-	45	2d	M	77	4d	m	109	6d
(so)	14	e	.	46	2e	N	78	4e	n	110	6e
(si)	15	f	/	47	2f	O	79	4f	o	111	6f
(dle)	16	10	0	48	30	P	80	50	p	112	70
(dc1)	17	11	1	49	31	Q	81	51	q	113	71
(dc2)	18	12	2	50	32	R	82	52	r	114	72
(dc3)	19	13	3	51	33	S	83	53	s	115	73
(dc4)	20	14	4	52	34	T	84	54	t	116	74
(nak)	21	15	5	53	35	U	85	55	u	117	75
(syn)	22	16	6	54	36	V	86	56	v	118	76
(etb)	23	17	7	55	37	W	87	57	w	119	77
(can)	24	18	8	56	38	X	88	58	x	120	78
(em)	25	19	9	57	39	Y	89	59	y	121	79
(sub)	26	1a	:	58	3a	Z	90	5a	z	122	7a
(esc)	27	1b	;	59	3b	[	91	5b	{	123	7b
(fs)	28	1c	<	60	3c	\	92	5c	|	124	7c
(gs)	29	1d	=	61	3d	]	93	5d	}	125	7d
(rs)	30	1e	>	62	3e	^	94	5e	~	126	7e
(us)	31	1f									

A-3 內建函數列表

abs()	delattr()	hash()	memoryview()	set()
all()	dict()	help()	min()	setattr()
any()	dir()	hex()	next()	slice()
ascii()	divmod()	id()	object()	sorted()
bin()	enumerate()	input()	oct()	staticmethod()
bool()	eval()	int()	open()	str()
breakpoint()	exec()	isinstance()	ord()	sum()
bytearray()	filter()	issubclass()	pow()	super()
bytes()	float()	iter()	print()	tuple()
callable()	format()	len()	property()	type()
chr()	frozenset()	list()	range()	vars()
classmethod()	getattr()	locals()	repr()	zip()
compile()	globals()	map()	reversed()	__import__()
complex()	hasattr()	max()	round()	

A-4 整理 Python 的內建函數功能（function）

函數	描述
abs(x)	傳回 x 的絕對值
all(argument)	判斷 argument 中所有元素是否為串列型態資料
any(argument)	判斷 argument 中是否有任一元素為串列型態資料
ascii(object)	傳回參數物件的字串表達形式，如果該字串含有非 ASCII 字元，所有非 ASCII 字元會以 Unicode 跳脫字元的方式呈現

函數	描述
bin(x)	傳回 x 的二進位形式
bool([x])	將 x 轉換為布林形式
bytes([source[, encoding[, errors]]])	將 source 轉換為 bytes，若 source 為字串，需提供 encoding，也就是字串的編碼格式
chr(n)	傳回整數 n 的 ASCII 字串編碼
classmethod(function)	傳回 function 為類別方法
complex([real[, imag]])	將 real 轉換成複數的實部，imag 轉換成複數的虛部
dict([arg])	將 arg 轉換為字典的配對資料型態
dir([object])	傳回所有 object 的屬性及方法名稱的串列
divmod(a, b)	傳回 a 除以 b 的商及餘數的序對
float([x])	將 x 轉換成浮點數，x 可以是整數、浮點數或字串
format(value[, format_spec])	將 value 轉換成 format_spec 格式化字串表示法
globals()	傳回儲存在字典的全域符號表
hash(object)	傳回 object 的雜湊值
help([object])	在互動模式印出內建的系統協助文件
hex(x)	將 x 轉換成十六進位數字的字串
input([prompt])	接受使用者的輸入，prompt 為提示字串
int([number | string[, base]])	轉換數字或字串為整數，如果是字串，需提供進位的基數
len(s)	傳回複合資料型態的元素個數
list([argument])	將 argument 轉換成串列
locals()	傳回儲存在字典的區域符號表

函數	描述
max(argument[, args...], *[, key])	傳回參數中的最大值
min(argument[, args...], *[, key])	傳回參數中的最小值
next(iterator[, default])	傳回串列型態資料中下一個數值
object()	傳回最基本的 object 型態的物件
oct(x)	將 x 轉換成八進位數字的字串
open(file, mode='r', buffering=-1, encoding=None, errors=None, newline=None, closefd=True)	讀取檔案並傳回檔案串流物件
ord(c)	傳回字元 c 的 ASCII 和 Unicode 編碼值
pow(x, y[, z])	傳回 x^y 之值，或是 x^y % z 之值
print([object, ...], *, sep=' ', end='\n', file=sys.stdout)	印出 object 的內容
property(fget=None, fset=None, fdel=None, doc=None)	傳回類別的屬性值
range([start], stop[, step])	建立整數串列
repr(object)	傳回物件的字串表達形式
reversed(seq)	反轉 seq 中元素的順序
round(x[, n])	傳回 x 的最接近數字，預設傳回整數，n 代表小數點位數
set([argument])	將串列型態資料建立為 set 型態的物件
sorted(argument[,key][, everse])	傳回將 argument 排序過的串列
str([object[, encoding[, errors]]])	傳回物件 object 的字串版本
sum(argument[, start])	傳回串列型態資料 argument 的總和，若有提供 start，start 會被加入總和
tuple([argument])	將 argument 轉換為序對
type(object)	傳回 object 的型態名稱

A-5 在解題系統使用 Python 解題讀入測試資料

一、 sys.stdin 和 input() 標準輸入

解題系統（如：ZeroJudge 或飆程式網）用 Python 解題讀入測試資料說明：

1. 線上解題系統的題目中一般都包含 3 個測試資料，當你把程式寫好以後送到解題系統系統上應該還會有 5 到 6 筆測試資料，Python 讀取測試資料的方法有兩種：

(1) input()　　　# 簡單易用

或

(2) import sys　　# 標準輸入函數

sInput=sys.stdin.readline().strip()

上面兩個指令基本上都可以從標準輸入設備讀入測試資料，資料又分單筆資料和連續資料，連續資料必須由使用者想辦法分割成單筆資料，以便程式執行時使用輸入的數據。

```
5
 1 12 123 1234 12345
```

上面兩行中，上面一行是單筆資料，下面一行是五個連續資料，程式撰寫者應該具備把單行連續資料拆解成單筆資料，例如把第二行拆解成串列：

```
[1, 12, 123, 1234, 12345]
```

2. 使用 input() 拆解連續資料成單筆資料。

【範例程式】0-input().py

```
n=int(input('input 單筆數字 n:\n'))
list01=list(map(int,input('input 多筆數字 n:\n').split()))
print(n)
print(list01,'\n')
```

【執行結果】

```
input 單筆數字 n:
12
input 多筆數字 n:
1 3 5 7 9 11 13
```

```
12
[1, 3, 5, 7, 9, 11, 13]
```

3. 讀取系統測資又分：

單行單筆：用 n=int(input()) 讀入

單行多筆：連續資料，用 ipline=input() 讀入

用 iplist=list(map(int,ipline.split())) 拆解連續資料

多行多筆：用迴圈讀入，離線測試時可從鍵盤輸入資料

```
for i in range(num):
    iplist=list(map(int,input().split()))
    print(iplist)
```

4. 測試資料進出

撰寫程式的過程中有一個基本觀念就是資料讀進來，用 input() 輸入的都是字串，在程式中處理為了方便都會轉換成串列，也就是有次序性的變數。串列又分為：數值串列和文字串列，不管哪一種串列，要送給系統比對的資料，用 print() 印出，又一定是文字字串，所以寫程式的人要熟記這是種技巧：

(1) 文字字串轉乘數值串列：用 list01=list(map(int,data.split()))

(2) 文字字串轉成文字串列：用 datalist02=datastring.split(' ')

(3) 數值串列轉成文字字串：用 print(datalist01[i],end=' ')

(4) 文字串列轉成文字字串：用 print(str(datalist01[i]),end=' ')

(5) 字串前後去除空白：用 print(strline.strip())

這裡將這五種技巧寫成一個程式來提供參考：

【範例程式】文字字串和數值串列轉換.py

```
# n=int(input()) # 輸入單一整數資料
# data=input()   # 輸入一行連續資料
data='1 10 100 1000 10000'
print(data)      # 輸入一行文字字串

# 1.文字字串轉乘數值串列
datalist01=list(map(int,data.split()))
print(datalist01)
```

```
# 2.文字字串轉成文字串列
datalist02=data.split(' ')
print(datalist02)

dataA='1 2 3 4 5'
datalist03=list(dataA)        # 每個字元分開
print(datalist03)

# 3.數值串列轉成文字字串（字串右邊有空白）
n=len(datalist01)
for i in range(n):
    print(datalist01[i],end=' ')
print()

# 4.文字串列轉成文字字串（字串右邊有空白）
n=len(datalist02)
for i in range(n):
    print(str(datalist01[i]),end=' ')
print()

# 5.輸出字串有時會要求前後沒有空白
strline=''
n=len(datalist02)
for i in range(n):
    strline=strline+' '+str(datalist02[i])
print(strline)                # （字串左邊有空白）
print(strline.strip())        # 去除前後空白
```

【執行結果】

```
1 10 100 1000 10000
[1, 10, 100, 1000, 10000]
['1', '10', '100', '1000', '10000']
['1', ' ', '2', ' ', '3', ' ', '4', ' ', '5']
1 10 100 1000 10000
1 10 100 1000 10000
 1 10 100 1000 10000
1 10 100 1000 10000
```

5. 使用 sys.stdin.read 拆解連續資料成單筆資料

python 中的 sys.stdin 有二種指令：

(1) sys.stdin.readline() 僅接受一行的全部輸入。

可在末尾加上 .strip() 或 .strip("\n") 去掉末尾的換行符，如：

```
line=sys.stdin.readline().strip()      #末尾加.strip()，去掉了換行符
```

(2) sys.stdin.read() 可以接受多行的標準輸入，包括末尾的 '\n'。

Python 中使用 sys.stdin.readline() 預設輸入的是字符串，如果是 int，float 類型則需要強制轉換。如果是多筆輸入，strip() 預設是以空格分隔，返回的是一個包含多個字符串的 list，而如果要強制轉換成 int 等類型，可以使用 map() 函數。

【範例程式】0-sys-stdin.py

```
import sys

while True:
    print('input 單筆數字 n: ',end='')
    n=int(sys.stdin.readline().strip('\n'))
    print('input 多筆數字 listA: ',end='')
    listA=sys.stdin.readline().strip()
    if listA=='':
        break
    listA=list(map(int,listA.split()))
    print(n)
    print(listA,'\n')
```

【執行結果】

```
input 單筆數字 n: 24
input 多筆數字 list01: 2 4 6 8 10 12
24
[2, 4, 6, 8, 10, 12]
```

二、程式編寫中的測資處理

參加 APCS 檢測或其他線上解題活動的流程，一定是先在自己的電腦編寫程式程式，寫完執行無誤之後才會上傳。所以必須先在離線（自己）的電腦上先讀取測試資料，假設題目上有載明輸入的測資為：

```
3 5
1 2 3 4 5
2 4 6 8 10
3 6 9 12 15
```

第一行 m、n，m 代表下面有 3 筆資料，n 代表每一筆資料各有 5 個數據。你可以寫一個程式把數據放在程式中，資料就用串列形式儲存以方便程式執行處理：

1. 離線寫程式讀取測試資料

【範例程式】ap-6-離線讀測資.py

```
ipline=['3 5','1 2 3 4 5','2 4 6 8 10','3 6 9 12 15']
num=len(ipline)
iplist=[]
for i in range(num):
    list01=list(map(int,ipline[i].split()))
    print(list01)
    iplist.append(list01)
print(iplist)
```

【執行結果】

```
[3, 5]
[1, 2, 3, 4, 5]
[2, 4, 6, 8, 10]
[3, 6, 9, 12, 15]
[[3, 5], [1, 2, 3, 4, 5], [2, 4, 6, 8, 10], [3, 6, 9, 12, 15]]
```

上面執行結果的前四行是將測資變成 4 個串列 list01，一個一個列出。題目裡面的測試資料，也可以把這些串列再丟到另一個串列 iplist 裡面，因為 list 都是有次序性的，所以在程式中就比較好處理。

2. 上傳程式讀取測試資料

如果程式發展測試無誤，要讓你的程式能夠讀到系統測試，就把程式改成：

【範例程式】ap-6-線上讀測資.py

```
# ipline=['3 5','1 2 3 4 5','2 4 6 8 10','3 6 9 12 15']
# 如果這個程式要離線執行，資料請手動從鍵盤輸入資料
ipline=input()            # 從鍵盤輸入資料
list01=list(map(int,ipline.split()))
num=list01[0]
print(num)
iplist=[]
for i in range(num):
    list01=list(map(int,input().split()))  # 從鍵盤輸入資料
    print(list01)
```

三、程式實務練習

【題　　目】N*M 階矩陣分別計算行和列的和

【題目敘述】有一個 N*M 的矩陣，請分別計算這個矩陣每行和每列的總和

【輸入說明】輸入共有 N+1 列

第一列有兩筆數據：N、M：第一個數為正整數 N、第二個數為正整數 M：表示第二列以後的每一行都有 M 筆資料。（N <= 100，M <=100）

第二列到第 N+1 列，每列都有 M 個整數。

【輸出說明】

```
請輸出 N 列，每列印出矩陣該列的和。
第 N+1 列，印出這個矩陣每一行的和。
```

【範例輸入】

```
5 6
1 2 3 4 5 6
2 4 6 8 12 14
3 5 7 9 11 13
6 5 4 3 2 1
1 10 100 1000 10000 100000
```

【範例輸出】

```
21
46
48
21
111111
13 26 120 1024 10030 100034
```

1. **離線程式範例**：本程式可以直接在 IDLE 上執行，因為資料是直接放在程式中，以串列方式儲存會較方便處理。

【範例程式】計算行列的和-1.py

```
# 計算行列的和
iplist=['5 6','1 2 3 4 5 6','2 4 6 8 12 14','3 5 7 9 11 13','6 5 4 3 2 1','1 10 100 1000 10000 100000']
list01=list(map(int,iplist[0].split())) ; # print(list01)
n=int(list01[0]); m=int(list01[1])
listsum=[]
```

```
for c in range(m):
    listsum.append(0)
# print(listsum)

for i in range(1,n+1):
    ipline=iplist[i]; #  print(ipline)
    list02=list(map(int,ipline.split())) ; # print(list02)
    for ii in range(m):
        listsum[ii]=listsum[ii]+list02[ii]
    # print(listsum)
    sum=0
    for j in range(m):
        sum=sum+list02[j]
    print(sum)
# print(listsum)
for p in range(m):
    print(listsum[p],end=' ')
```

【執行結果】

```
21
46
48
21
111111
13 26 120 1024 10030 100034
```

2. **上傳檢測系統的程式**：如果要上傳到檢測系統，程式中要有 input() 指令，以便讀取測試資料。程式執行的時候執行到 input()，資料請從鍵盤輸入，必須和測資格式相符，程式才不會執行錯誤。

【範例程式】計算行列的和-2.py

```
# 計算行列的和 - 2
ipline=input()
list01=list(map(int,ipline.split())) ;# print(list01)
n=int(list01[0]); m=int(list01[1])

listsum=[]
for c in range(m):
    listsum.append(0)
# print(listsum)

for i in range(1,n+1):
    ipline=input(); #  print(ipline)
    list02=list(map(int,ipline.split())) ; # print(list02)
    for ii in range(m):
        listsum[ii]=listsum[ii]+list02[ii]
    # print(listsum)
```

```
    sum=0
    for j in range(m):
        sum=sum+list02[j]
    print(sum)
# print(listsum)
for p in range(m):
    print(listsum[p],end=' ')
```

【執行結果】

```
21
46
48
21
111111
13 26 120 1024 10030 100034
```

A-6 Python 禪念

Python 原始發展者 Tim Peters 在 Python 外加套件中查了一個他發展 Python 的禪學思想，非常有意思。在提示符號 >>> 後面輸入 import this 會列出一段英文，我們將這段英文翻成中文，看看作者對禪學思想的推崇！

【範例輸入】

```
>>> import this
```

【輸出結果】

```
The Zen of Python, by Tim Peters

Beautiful is better than ugly.
Explicit is better than implicit.
Simple is better than complex.
Complex is better than complicated.
Flat is better than nested.
Sparse is better than dense.
Readability counts.
Special cases aren't special enough to break the rules.
Although practicality beats purity.
Errors should never pass silently.
Unless explicitly silenced.
In the face of ambiguity, refuse the temptation to guess.
There should be one-- and preferably only one --obvious way to do it.
Although that way may not be obvious at first unless you're Dutch.
Now is better than never.
```

```
Although never is often better than *right* now.
If the implementation is hard to explain, it's a bad idea.
If the implementation is easy to explain, it may be a good idea.
Namespaces are one honking great idea -- let's do more of those!
```

【翻譯成中文】

```
Tim Peters 的 Python 之禪

美麗勝過醜陋。
顯式優於隱式。
簡單比複雜更好。
複雜比複雜更好。
平淡優於嵌套。
稀疏優於密集。
可讀性很重要。
特殊情況不足以打破規則。
雖然實用性勝過純潔。
錯誤不應該默默地傳遞。
除非明確沉默。
面對模棱兩可，拒絕猜測的誘惑。
應該有一個 - 最好只有一個 - 明顯的方法來做到這一點。
雖然這種方式起初可能並不明顯，除非你是荷蘭人。
現在比永遠好。
雖然現在永遠不會比*正確*好。
如果實施很難解釋，這是一個壞主意。
如果實現很容易解釋，那可能是個好主意。
命名空間是一個很棒的主意 - 讓我們做更多的事情吧！
```

Python 程式設計技巧｜發展運算思維--第二版 (含「APCS 先修檢測」解析)

作　　者：溫嘉榮
企劃編輯：江佳慧
文字編輯：江雅鈴
設計裝幀：張寶莉
發 行 人：廖文良

發 行 所：碁峰資訊股份有限公司
地　　址：台北市南港區三重路 66 號 7 樓之 6
電　　話：(02)2788-2408
傳　　真：(02)8192-4433
網　　站：www.gotop.com.tw
書　　號：AEL022031
版　　次：2020 年 02 月二版
　　　　　2023 年 03 月二版十三刷
建議售價：NT$390

國家圖書館出版品預行編目資料

Python 程式設計技巧：發展運算思維(含「APCS 先修檢測」解析) / 溫嘉榮著. -- 二版. -- 臺北市：碁峰資訊, 2020.02
面；　公分
ISBN 978-986-502-381-2(平裝)
1.Python(電腦程式語言)
312.32P97　　108022074

讀者服務

- 感謝您購買碁峰圖書，如果您對本書的內容或表達上有不清楚的地方或其他建議，請至碁峰網站：「聯絡我們」\「圖書問題」留下您所購買之書籍及問題。(請註明購買書籍之書號及書名，以及問題頁數，以便能儘快為您處理)
http://www.gotop.com.tw
- 售後服務僅限書籍本身內容，若是軟、硬體問題，請您直接與軟、硬體廠商聯絡。
- 若於購買書籍後發現有破損、缺頁、裝訂錯誤之問題，請直接將書寄回更換，並註明您的姓名、連絡電話及地址，將有專人與您連絡補寄商品。